LIVROS DIDÁTICOS E A REORGANIZAÇÃO DA MATEMÁTICA ESCOLAR NO 2º CICLO DO ENSINO SECUNDÁRIO - 1936 A 1951

Catalogação na Fonte
Elaborado por: Josefina A. S. Guedes
Bibliotecária CRB 9/870

R484l
2023

Ribeiro, Denise Franco Capello
Livros didáticos e a reorganização da matemática escolar no 2º ciclo do ensino secundário - 1936 a 1951 / Denise Franco Capello Ribeiro. – 1 ed. – Curitiba : Appris, 2023.
127 p. ; 23 cm. – (Ensino de ciências).

Inclui referências.
ISBN 978-65-250-4906-9

1. Livros didáticos de matemática. 2. Matemática – Ensino – História. I. Título. II. Série.

CDD – 510

Livro de acordo com a normalização técnica da ABNT

Appris editora

Editora e Livraria Appris Ltda.
Av. Manoel Ribas, 2265 – Mercês
Curitiba/PR – CEP: 80810-002
Tel. (41) 3156 - 4731
www.editoraappris.com.br

Printed in Brazil
Impresso no Brasil

Denise Franco Capello Ribeiro

LIVROS DIDÁTICOS E A REORGANIZAÇÃO DA MATEMÁTICA ESCOLAR NO 2º CICLO DO ENSINO SECUNDÁRIO - 1936 A 1951

FICHA TÉCNICA

EDITORIAL Augusto Coelho
Sara C. de Andrade Coelho

COMITÊ EDITORIAL Marli Caetano
Andréa Barbosa Gouveia - UFPR
Edmeire C. Pereira - UFPR
Iraneide da Silva - UFC
Jacques de Lima Ferreira - UP

SUPERVISOR DA PRODUÇÃO Renata Cristina Lopes Miccelli

ASSESSORIA E PRODUÇÃO EDITORIAL Miriam Gomes

REVISÃO Isabel Tomaselli Borba

DIAGRAMAÇÃO Bruno Ferreira Nascimento

CAPA Eneo Lage

À minha mãe, Célia Franco Capello (in memoriam),
pelo amor, cuidado e exemplo de vida.

AGRADECIMENTOS

Ao professor doutor Wagner Rodrigues Valente, pela orientação, estímulo, apoio e colaboração, sem os quais não seria possível a realização deste trabalho.

Aos professores doutores Antonio Carlos Brolezzi e Maria Cristina A. de Oliveira pelas relevantes sugestões, observações e contribuições, fundamentais para o desenvolvimento dessa pesquisa.

Ao professor doutor Saddo Ag Almouloud, por gentilmente aceitar o convite para fazer o prefácio deste livro.

A todos os professores do Programa de Estudos Pós-Graduados em Educação Matemática da PUC-SP pelas contribuições ao longo deste curso.

Aos meus colegas do Grupo de Pesquisa da História da Educação Matemática (GHEMAT).

Aos funcionários da administração do Programa de Estudos Pós-Graduados em Educação Matemática da PUC-SP.

Ao Governo do Estado de São Paulo, Programa de Formação Continuada de Professores, pela Bolsa Mestrado concedida.

À diretora da Escola Estadual de São Paulo, professora Maria Teresa Veneziani Sbrana, que, junto de seus funcionários, permitiu e ajudou a nossa pesquisa de campo.

A todos os que direta ou indiretamente tornaram possível a realização desta pesquisa.

[...] fidelidade aos objetivos estipulados, os métodos experimentados, progressões sem choques, manuais adequados e renomados, professores tanto mais experimentados quanto reproduzem com seus alunos a didática que os formou em seus anos de juventude, e sobretudo consenso da escola e da sociedade, dos professores e dos alunos: igualmente fatores de solidez e de perenidade para os ensinos escolares.

(CHERVEL, 1990, p. 198)

APRESENTAÇÃO

O objetivo desta pesquisa é estudar as transformações ocorridas na organização dos ensinos de Matemática dos Cursos Clássico e Científico, criados na Reforma Gustavo Capanema, visando ao processo de disciplinarização da matemática para esse nível escolar.

Este estudo surgiu da necessidade de dar continuidade às pesquisas realizadas pelo Grupo de História da Educação Matemática (GHEMAT), estando inserido no projeto intitulado: Uma História da Educação Matemática no Brasil nos anos de 1920 a 1960, coordenado pelo professor doutor Wagner Rodrigues Valente e apresentado à banca examinadora da Pontifícia Universidade Católica de São Paulo (PUC-SP) como exigência parcial para obtenção do título de mestre em Educação Matemática, em 2006.

O grupo de pesquisa GHEMAT visa ao estudo da História da Matemática e tem como centro temático a organização curricular da Matemática e suas investigações, incluindo desde pesquisas históricas sobre a trajetória dessa disciplina na organização curricular brasileira até as propostas de ensino vigentes na época.

O projeto Uma História da Educação Matemática no Brasil nos anos de 1920 a 1960, por sua vez, fundamenta-se na escrita do trajeto histórico seguido pelo ensino de Matemática no Brasil, privilegiando especificamente a história do ensino da Matemática, dentro de um programa de afirmação do currículo científico versus o clássico, dito das humanidades clássicas. O período estudado , 1920 a 1960, é justificado por estar compreendido entre a Matemática escolar com seus ramos bem definidos e separados (Aritmética, Álgebra, Geometria, Trigonometria) e o movimento da Matemática Moderna, que teve início nos finais da década de 1950.

As pesquisas já realizadas pelos componentes do projeto citado norteiam como nasceu e se organizou a disciplina escolar Matemática no primeiro do ciclo do ensino secundário, denominado Curso Fundamental, na Reforma Francisco Campos, e, Ginásio, na Reforma Gustavo Capanema, e, em 2006, intitulado ensino fundamental (quinta a oitava série). As interrogações voltam-se para o segundo nível do ensino secundário, chamado de Cursos Complementares na Reforma Francisco Campos e Cursos Colegiais

(Clássico e Científico), na Reforma Gustavo Capanema, atualmente ensino médio (primeira a terceira série).

Os Cursos Complementares, instituídos na Reforma Francisco Campos, 1931-1942, ofereciam três opções aos estudantes, a saber: Curso Complementar Pré-Jurídico, Pré-Médico e Pré-Politécnico. Tinham a duração de dois anos e funcionavam em sua maioria em anexos às instituições de ensino superior a que se destinavam.

Por exemplo, em São Paulo, os alunos que cursavam o Curso Complementar Pré-Jurídico, assistiam às aulas em local anexo à Faculdade de Direito do Largo São Francisco; os que cursavam o Pré-Médico, em anexos à Faculdade de Medicina; e os que cursavam o Pré-Politécnico, em anexos à Escola Politécnica da Universidade de São Paulo (USP).

Com a reorganização do ensino secundário ocorrida em 1942, na Reforma Gustavo Capanema, o segundo ciclo do ensino secundário passou a denominar-se Colégio, oferecendo duas opções aos estudantes, a saber: Curso Clássico e Científico. Tinham a duração de três anos e passaram a funcionar nas escolas de ensino secundário e não mais em anexos às instituições de ensino superior.

A pergunta principal deste estudo é: que transformações ocorreram na organização dos ensino de Matemática, da Reforma Francisco Campos para a Capanema?

Para responder a esta questão, utilizamos como principais fontes de pesquisa a legislação das respectivas reformas educacionais e os livros didáticos com edição entre 1936, quando os programas de Matemática dos Cursos Complementares foram oficializados, e, 1951, quando foi expedida a Portaria n.º 966, de 2 de outubro de 1951, que aprovou novos programas para as diversas disciplinas do ensino secundário brasileiro.

Os autores de livros didáticos selecionados foram aqueles reconhecidamente renomados, no período estudado, pelo número de edições publicadas, pela posição que ocupavam política e profissionalmente.

Os autores desses livros didáticos de Matemática foram, em grande parte, aqueles que marcaram a sua participação no processo de constituição da disciplina Matemática no primeiro ciclo do ensino secundário, em reuniões no Ministério da Educação e Cultura, no Colégio Pedro II, e outros eventos em que eram discutidos programas e metodologia de Matemática, para este nível de ensino.

A maioria desses autores, também professores de Matemática, atravessou o período estudado, publicando desde livros para o Ginásio até livros para os Cursos Complementares e Cursos Clássico e Científico.

Esses autores são: Miron Resnik, Júlio César de Mello e Souza, Roberto José Fontes Peixoto, Alberto Nunes Serrão, Haroldo Lisboa da Cunha, Francisco Antonio Lacaz Netto, Sonnino, Euclides Roxo, César Dacorso Netto, e cadetes da Escola Militar do Rio de Janeiro, os quais publicaram um livro.

Este livro mencionado, sendo oriundo de apontamentos de alunos da Escola Militar do Rio de Janeiro, tem, segundo Chervel, grande importância por ser praticamente o exemplo de um caderno de alunos, fonte primária para o estudo das práticas escolares.

Acreditamos que a publicação do percurso deste estudo e os resultados obtidos possam trazer contribuições para a escrita da história do ensino da Matemática no Brasil e, que seja um material de apoio para o estudo e compreensão de como a organização dos ensinos escolares impactam sobre a constituição do indivíduo e sua relação com a sociedade em que está inserido.

PREFÁCIO

Agradeço o convite recebido para escrever o prefácio do livro cujo título é " *Livros didáticos e a reorganização da Matemática escolar no 2º ciclo do ensino secundário - 1936 a 1951"* , uma obra proeminente e inspiradora no campo da Educação Matemática, mais especificamente, no campo da História da Educação Matemática, uma das linhas de pesquisa da Educação Matemática, que é, de acordo com Garnica e Souza (2012, p. 18)

> [...] uma prática social e a comunidade que a produz, que nela atua, que sobre ela reflete, que a sistematiza, volta-se para compreender a Matemática em situações de ensino e aprendizagem. Pode-se, em princípio, assumir que existe uma abordagem mais prática da Educação Matemática, desenvolvida por todos aqueles que, em um ambiente ou outro, em um momento, ensinam matemática; e existe também uma abordagem mais teórica da Educação Matemática, desenvolvida por todos aqueles que fazem pesquisa nessa área em instituições acadêmicas.

Garnica e Souza (2012, p. 21) asseveram que a História, de forma geral, é "uma ciência dos homens no tempo e espaço. Mas como não se vive só, e sim, em comunidade, poderíamos enunciar a concepção de História [...] sendo o "estudo dos homens vivendo em comunidade no tempo".

Baroni, Teixeira e Nobre (2004, p. 167) afirmam que História da Matemática fornece uma oportunidade ao cidadão de entrar em contato com matemáticas de outras culturas, além de conhecer seu desenvolvimento e o papel que desempenham. Nesta perspectiva, Garnica e Souza (2012, p. 27) asseveram que

> [...] a História da Educação Matemática visa a compreender as alterações e permanências nas práticas relativas ao ensino e à aprendizagem de Matemática; a estudar como as comunidades se organizavam no que diz respeito à necessidade de produzir, usar e compartilhar conhecimentos matemáticos e como, afinal de contas, as práticas do passado podem – se é que podem – nos ajudar a compreender, projetar, propor e avaliar as práticas do presente.

Para Baroni e Nobre (1999), a História da Educação Matemática pode intervir de diferentes formas na formação do cidadão, em especial na formação de professores de Matemática, no que diz respeito, por exemplo, à história das Instituições de formação de matemáticos e professores de matemática, ou instituições do ensino médio, básico, profissional, militar, específico. O estudo da história dos processos pedagógicos apoiando-se na análise histórica de materiais pedagógicos, de livros adotados, de ementas curriculares, de sistemas de avaliação, é um ponto fundamental nos processos de formação inicial e continuada de professores.

Nesta perspectiva, Baroni, Teixeira e Nobre (2004) reforçam que o estudo da História da Matemática é uma oportunidade para o aluno e o professor ter acesso a elementos da matemática de outras culturas, além de conhecer seu desenvolvimento e o papel que desempenham. Da mesma forma, eu diria que a História da Educação Matemática é uma fonte para "compreender as alterações e permanências nas práticas relativas ao ensino e à aprendizagem de Matemática" (GARNICA; SOUZA, 2012, p. 27). Além disso, proporciona condições para estudar as organizações realizadas por diferentes atores da educação para "produzir, usar e compartilhar conhecimentos matemáticos e como, afinal de contas, as práticas do passado podem – se é que podem – nos ajudar a compreender, projetar, propor e avaliar as práticas do presente" (GARNICA; SOUZA, 2012, p. 27).

Garnica e Souza (2012, p. 27) reforçam está ideia quando asseveram que "A História da Educação Matemática exercita um diálogo entre História, Educação e Matemática, chamando à cena para esse diálogo uma vasta gama de outras áreas de conhecimento".

É nesta perspectiva que esta obra foi construída no intuito de estudar "as transformações ocorridas na organização dos ensinos de Matemática dos Cursos Complementares, instituídos na Reforma Francisco Campos; aos cursos Clássico e Científico, criados na Reforma Gustavo Capanema, visando ao processo de disciplinarização da Matemática para este nível escolar" (RIBEIRO, no prelo). O intuito geral é "contribuir com as investigações sobre a História da Educação Matemática no Brasil, em especial, no período compreendido entre as décadas de 1930 a 1940". (RIBEIRO, no prelo)

A obra é composta de seis capítulos. No capítulo 1, intitulado "Percursos da pesquisa", a autora destaca os instrumentos teórico-metodológicos que sustentam a construção da obra. Tratam-se dos conceitos envolvidos no campo da História da Educação Matemática oriundos principalmente dos seguintes textos: *"História das Disciplinas Escolares*: reflexões sobre um campo de pesquisa", de André Chervel, pesquisador do *Service d`histoire de l'education – Institut National de Recherche Pédagogique de Paris, França; Passado y presente de los manuais escolares*, de Alain Choppin, doutor em História e investigador do *Institut Nationale de la Recherche Pédagogique – INRP*-Paris, França; e *"O Mundo como Representação"*, de Roger Chartier, historiador e diretor de estudos na *École des Hautes Études em Sciences Sociales* de Paris.

No segundo capítulo "Os Cursos Complementares", a autora disserta sobre a criação dos Cursos Complementares na Reforma Francisco Campos do Ensino Secundário brasileiro e a Matemática dos Cursos Complementares, evidenciando os programas do Ensino Secundário, bem como os métodos de ensino, expedidos pelo Ministério da Educação e Saúde Pública.

No capítulo 3, disserta-se sobre "Os Cursos Clássico e Científico", as razões de sua criação, suas estruturas e finalidades.

"Os Livros Didáticos como Fontes de Pesquisa" é o título do capítulo 4, que tem por objetivo responder às seguintes questões: como os conteúdos matemáticos eram ensinados? Para que e por que eram ensinados? Para responder a essas questões, a autora foca seu estudo no conteúdo matemático presente nas fontes para esse tipo de estudo, como cursos manuscritos, manuais e periódicos pedagógicos, que têm características próprias à época em que foram produzidos, principalmente neste estudo, os livros didáticos, utilizados por professores e alunos, em diferentes épocas, podem revelar como uma disciplina escolar se instalou e estabilizou- se.

No capítulo 5 intitulado "A Transformação dos Ensinos De Matemática a partir dos Livros Didáticos: dos Cursos Complementares aos Cursos Clássico e Científico", disserta-se sobre as mudanças ocorridas nos programas de Matemática, dos Cursos Complementares aos Cursos Clássico e Científico. A partir da análise dos ensinos de Geometria Analítica, Trigonometria e Cálculo Vetorial, Álgebra e Aritmética Teórica, apoiando-se no estudo dos programas oficiais de Matemática para os Cursos Complementares e Cursos Clássico e Científico, a autora identificou as mudanças que teriam contribuído na identificação do processo de disciplinarização da Matemática, para o segundo ciclo do Ensino Secundário, na Reforma Francisco Campos e Curso Colegial (Clássico e Científico), na Reforma Gustavo Capanema.

O "Conclusão" é o capítulo 6 em que se apresenta os principais resultados do estudo empreendido. Por exemplo, a análise de livros editados para os Cursos Complementares, aqueles com edições a partir de 1936 e os editados para os Cursos Clássico e Científico, com edições a partir de 1943, revela que as transformações ocorridas nos ensinos de Matemática (Álgebra, Geometria, Geometria Analítica, Trigonometria, Aritmética Teórica e Cálculo Vetorial), mostram que "Os conteúdos passaram de itens soltos, isolados e independentes, em um programa de Matemática, nos Cursos Complementares, para componentes dispostos segundo uma lógica-didático matemática e agrupados em unidades interligadas, nos Cursos Clássico e Científico" (RIBEIRO, no prelo).

Tendo em conta a relevância da obra e a pertinência das reflexões tecidas e dos resultados importantes apresentados neste estudo, recomendo fortemente este livro a todos os envolvidos na área da História da Educação Matemática e da Educação Matemática, seja como pesquisadores ou educadores. A obra oferece um panorama abrangente e atualizado dos principais avanços e desafios no campo, tornando-se uma consulta importante. Com a leitura desse livro, pode-se também aprender muito com o trabalho realizado e encontrar inspiração para suas próprias pesquisas e experiências pedagógicas.

Prof. Dr. Saddo Ag Almouloud

Doutor em Matemática e Aplicações pela Universidade de Rennes I – França – Prof. Colaborador da Universidade Federal da Bahia e da Universidade Federal do Pará.

Orcid: 0000-0002-8391-7054

saddoag@gmail.com

SUMÁRIO

CAPÍTULO 1

PERCURSOS DA PESQUISA 21

O conceito de disciplina escolar 21

Os ensinos escolares e suas finalidades 22

Os constituintes da disciplina escolar 24

A legislação e as disciplinas escolares 26

Os livros didáticos e a constituição da disciplina escolar 27

O conceito de apropriação 29

CAPÍTULO 2

OS CURSOS COMPLEMENTARES 33

A criação dos Cursos Complementares na Reforma Francisco Campos 34

A Matemática dos Cursos Complementares 34

CAPÍTULO 3

OS CURSOS CLÁSSICO E CIENTÍFICO 37

A criação dos Cursos Clássico e Científico na Reforma Gustavo Capanema 39

Os ensinos de Matemática dos Cursos Clássico e Científico 43

Os arquivos escolares: vestígios das práticas pedagógicas 44

CAPÍTULO 4

OS LIVROS DIDÁTICOS COMO FONTES DE PESQUISA 49

O conceito da vulgata 49

A legislação: produção e divulgação dos livros didáticos 50

A seleção dos livros didáticos 55

Alberto Nunes Serrão 56

Julio Cesar de Mello e Souza 56

Roberto José Fontes Peixoto 57

Euclides Roxo 57

Haroldo Lisboa da Cunha 58

Cesar Dacorso Netto 58

F. A. Lacaz Netto 58

Os livros didáticos para os Cursos Complementares 59

Os livros didáticos para os Cursos Clássico e Científico 75

CAPÍTULO 5
A TRANSFORMAÇÃO DOS ENSINOS DE MATEMÁTICA A PARTIR DOS LIVROS DIDÁTICOS: DOS CURSOS COMPLEMENTARES AOS CURSOS CLÁSSICO E CIENTÍFICO 81
Os ensinos de Geometria Analítica........ 81
As finalidades dos ensinos de Geometria Analítica nos Cursos Complementares e nos Cursos Clássico e Científico........ 82
A organização dos conteúdos de Geometria Analítica........ 83
Os ensinos de Trigonometria 88
As finalidades dos ensinos de Trigonometria nos Cursos Complementares e nos Cursos Clássico e Científico........ 88
A organização dos ensinos de Trigonometria nos Cursos Complementares e nos Cursos Clássico e Científico........ 89
Os ensinos de Álgebra........ 99
As finalidades dos ensinos de Álgebra dos Cursos Complementares e dos Cursos Clássico e Científico........ 99
A organização dos ensinos de Álgebra nos Cursos Complementares e nos Cursos Clássico e Científico........ 101
Os ensinos de Aritmética........ 111
Os ensinos de Cálculo Vetorial........ 111

CAPÍTULO 6
CONCLUSÃO 113

REFERÊNCIAS........ 121

CAPÍTULO 1

PERCURSOS DA PESQUISA

O estudo das transformações ocorridas na organização dos ensinos de Matemática se situa no campo do estudo histórico das disciplinas escolares.

Investigando a trajetória histórica da disciplina Matemática no ensino secundário brasileiro, no segundo ciclo, atual ensino médio, denominado Colégio, na Reforma Gustavo Capanema, e Curso Complementar, na Reforma Francisco Campos, adentramos ao estudo da Matemática da disciplina escolar Matemática.

Os conceitos envolvidos neste campo de pesquisa serão adotados tendo como base os textos: "História das Disciplinas Escolares: reflexões sobre um campo de pesquisa", de André Chervel, pesquisador do *Service d`histoire de l`education – Institut National de Recherche Pédagogique de Paris,* França; "Passado y presente de los manuais escolares", de Alain Choppin, doutor em História e investigador do *Institut Nationale de la Recherche Pédagogique* (INRP), Paris, França; e "O Mundo como Representação", de Roger Chartier, historiador e diretor de estudos na École des Hautes Études em Sciences Sociales de Paris.

O conceito de disciplina escolar

A disciplina escolar, segundo Chervel, é definida como sendo aquilo que se ensina, ou seja, os conteúdos de Matemática que estão programados para serem ensinados a um determinado público escolar, e é propagada com o sentido de ginástica intelectual ou exercício intelectual.

Esse sentido, o de exercício intelectual, está em concordância com os objetivos e finalidades que, ao passar dos tempos, são impostos ao sistema educacional. Desse modo, a "disciplina é um modo de disciplinar o espírito, quer dizer, de lhe dar os métodos e as regras para abordar diferentes domínios do pensamento, do conhecimento e da arte" (CHERVEL, 1990, p. 180).

Da mesma maneira que são impostos por entidades exteriores à escola, os conteúdos de ensino possuem uma organização própria, com uma coerência interna que resulta em determinada eficácia. Esses fatores se apresentam como próprios da classe escolar, quase que independentes da cultura exterior à escola.

Chervel nega que o que se ensina na escola seja uma vulgarização de um conceito concebido e comprovado em lugares fora da escola. Conceitos que necessitam ser simplificados para que o público escolar os possa assimilar.

Aceitando-se esta concepção, as disciplinas escolares seriam reduzidas às várias metodologias utilizadas pelos professores, com o objetivo de facilitar a assimilação dos conceitos a serem ministrados.

A concepção de disciplina escolar adotada, segundo Chervel (1990, p. 181), é aquela que "historicamente foi criada pela própria escola, na escola e para a escola".

Para o estudo de sua constituição, necessita-se então pesquisar como a escola faz para produzir, organizar, excluir, manter ou incluir certa disciplina. Também precisamos estudar qual seria a sua função e como se deu o seu funcionamento.

Isto implica pensar nas finalidades da escola, e estas são específicas de cada época a ser estudada e determinadas pela sociedade. Temos como exemplos finalidades religiosas, sócio-políticas, o desenvolvimento do espírito patriótico, entre outras.

O estudo dos ensinos de Matemática, em relação às finalidades às quais são designados e com os resultados concretos que produziram, vai expor a estrutura interna da disciplina e sua configuração original e "cada disciplina dispondo, sobre esse plano, de uma autonomia completa, mesmo se analogias possam se manifestar de uma para a outra" (CHERVEL, 1990, p. 187).

Os ensinos escolares e suas finalidades

O ensino escolar é o instrumento pelo qual a disciplina põe em ação as finalidades impostas à escola e provoca a aculturação conveniente.

Para este estudo, será necessário fazer uma descrição detalhada do ensino, sua evolução didática, o porquê de suas mudanças, pesquisar a coerência internados diferentes procedimentos utilizados e estabelecer a ligação entre o ensino dispensado e as finalidades que o presidiram.

Ensinar é, etimologicamente, "fazer conhecer pelos sinais". É fazer com que a disciplina se transforme, ao ato pedagógico" (CHERVEL, 1990, p. 192).

Com a transformação da disciplina, ao ato pedagógico, surge o professor como personagem deste estudo.

Ao pesquisar as práticas pedagógicas dos docentes, tais como os livros didáticos utilizados, registros em diários de classe, provas elaboradas, entenderemos como era a sua relação com o seu público escolar , qual era a sua reação às mudanças ocorridas em uma determinada disciplina e quais eram as finalidades desses ensinos dentre outros fatores.

A liberdade pedagógica desses docentes é cercada pelos resultados de diferentes tipos de avaliações do sistema educacional, como exames, concursos e, internamente à escola, pela comparação dos resultados obtidos pelos alunos de outros professores, para um mesmo nível escolar.

Mas a real barreira está no público escolar a ensinar. É este o principal fator determinante na relação entre o professor e os conteúdos a ensinar.

A tarefa do professor é fazer um determinado conteúdo ser "ensinável". Ensinar o quê, para que e para quem? Estas perguntas são respondidas pela constituição da disciplina, que vai determinar, por exemplo, a necessidade da seriação, da repartição dos alunos em classes, por níveis e por idade.

A instauração das disciplinas é uma operação de longa duração, porque os resultados referentes a certo procedimento didático só poderão ser verificado quando o aluno tiver concluído o seu curso, seja o primário ou secundário ou mesmo o curso superior.

A este processo, adiciona-se o longo tempo que os docentes ficam em seus cargos, principalmente se esses cargos forem oriundos de concursos públicos. Assim, tem-se uma ideia de quanto tempo é gasto para que as inovações pedagógicas possam ser generalizadas.

O que estabiliza uma disciplina escolar é o ajuste que põe em comum experiências pedagógicas consideráveis, as quais colocam em destaque os sucessos alcançados pelos alunos e a eficácia na execução das finalidades impostas.

Nesse processo de estabilização de uma disciplina escolar, observa-se também:

> [...] fidelidade aos objetivos estipulados, os métodos experimentados, progressões sem choques, manuais adequados e renomados, professores tanto mais experimentados quanto reproduzem com seus alunos a didática que os formou em seus anos de juventude, e sobretudo consenso da escola e da

> sociedade, dos professores e dos alunos: igualmente fatores de solidez e de perenidade para os ensinos escolares. (CHERVEL, 1990, p. 198).

A transformação sofrida pelo público escolar, ao longo dos anos, é, portanto, fator importante na reorganização dos ensinos escolares, porque a transformação das disciplinas tem o fim de tornar possível o ensino, ou como já foi dito, tornar um determinado conteúdo "ensinável".

A escola terá como função real na sociedade a instrução, no sentido de ensino das crianças e a criação das disciplinas escolares, por meio da qual o público jovem obtém a linguagem de acesso, que serve como transição para a sua inserção na sociedade.

Os constituintes da disciplina escolar

Para que uma disciplina escolar atinja suas finalidades é necessário estabelecer regras para o seu funcionamento. Essas regras serão componentes de uma estrutura para que uma determinada disciplina funcione.

Esses componentes podem ser descritos como: exposição dos conteúdos, as práticas de incitação e motivação dos alunos e o aparelho docimológico (referente à docimologia, em francês *"docimologie"* (estudo científico dos exames e dos concursos) (CHERVEL, 1990, p. 206).

O estudo dos conteúdos expostos vai nos mostrar, entre outros fatores, se há uma coerência interna no desenrolar dos assuntos estudados em determinadas disciplinas, se há pontos em comuns entre diferentes disciplinas e se existe uma tendência maior de algumas matérias se tornarem disciplináveis.

Essa organização interna das disciplinas é, segundo Chervel (1990, p. 200), "numa certa medida, produto da história, que procedeu aqui pela adição de camadas sucessivas".

Essa característica de esquema cumulativo vai nos ajudar a compreender e identificar se a organização dos ensinos de Matemática dos Cursos Clássico e Científico se caracteriza em disciplina escolar pela adição de novos métodos de ensino e estrutura curricular em relação às estruturas internas dos conteúdos de ensino dos Cursos Complementares.

Esses conteúdos de conhecimentos são variáveis que põem em evidência algumas grandes tendências, como a evolução dos cursos ditados para a lição apreendida nos livros.

Como os conteúdos de ensino são apresentados, como a teoria é desenvolvida, passa a ser um ponto importante no estudo do processo de disciplinarização, pois a sua mudança indicará que a finalidade do ensino também mudou.

Naturalmente, sem nos aprofundarmos em teorias sobre metodologias de ensino, fica claro que, por exemplo, o que se quer desenvolver nos estudantes com um curso inteiramente ditado é diferente daquele ministrado com a ajuda dos livros e com a realização de exercícios.

No primeiro, os estudantes têm que memorizar o que foi ditado e o reproduzir quando solicitado, e no segundo caso, terão que desenvolver a capacidade de raciocínio para entender o que está escrito no livro e aplicar o que foi ensinado para a resolução de outros exercícios.

E o objetivo, ou seja, a finalidade do ensino, nesses casos, também sofre mudanças. Qual é o tipo de jovem que se quer formar? Para quê?

O estudo desses conteúdos é feito mediante a análise de uma série de documentação: cursos manuscritos, manuais e periódicos pedagógicos.

A análise desses documentos, em cada época, vai nos mostrar o fenômeno que, segundo Chervel, é chamado de vulgata.

> Em cada época, o ensino dispensado pelos professores é, grosso modo, idêntico, para a mesma disciplina e para o mesmo nível. Todos os manuais ou quase todos dizem então a mesma coisa, ou quase isso. Os conceitos ensinados, a terminologia adotada, a coleção de rubricas e capítulos, a organização do *corpus* de conhecimentos, mesmo os exemplos utilizados ou os tipos de exercícios praticados são idênticos, com variações aproximadas. (CHERVEL, 1990, p. 203).

A análise dos livros didáticos, sob esta perspectiva, nos ajudará a verificar se houve o aparecimento da vulgata, indicando o período de transição da constituição e da estabilidade da disciplina escolar Matemática, dos Cursos Complementares aos Cursos Clássico e Científico.

Além de analisar a organização interna dos livros didáticos editados no período estudado, como conceitos ensinados, organização desses conceitos e exemplos utilizados, Chervel nos chama a atenção para o papel também importante da forma como os exercícios são postos nestes livros.

Os exercícios aqui denominados são todas as atividades dos alunos que podem ser observáveis pelo professor. Essas atividades são, portanto, a forma pela qual os conteúdos são fixados pelos alunos e da sua qualidade depende o sucesso ou o fracasso da disciplina.

Utilizando o caso do método do curso ditado, a cópia que este curso determina evidentemente não deverá ser considerada como a mais estimulante para os exercícios e, portanto, poderá o aluno perder ou não a motivação para estudar essa disciplina.

A qualidade desses exercícios pode ou não incitar e motivar ao estudo e é chamada por Chervel de práticas da motivação e da incitação, constituindo-se em outro componente das disciplinas escolares.

O professor seleciona conteúdos, textos e exercícios mais estimulantes, para motivar seus alunos a participarem das aulas e a quererem estudar e aprender o que está sendo exposto.

Essa seleção é feita, na maioria dos casos, a partir da necessidade de avaliação dos alunos, que podem ser internas à escola, como provas parciais, exames de seleção, exames finais ou externas à escola, como os exames nacionais de avaliação e vestibulares. A estas formas de avaliação Chervel denomina de aparelho docimológico e é o último componente da disciplina escolar.

As práticas de motivação e incitação ao estudo que podem ser, por exemplo, os exercícios ministrados aos alunos, são selecionados pelo professor, visando àqueles que mais são solicitados em exames, provas ou vestibulares e, consequentemente, priorizando o ensino dos conteúdos correspondentes a estes exercícios.

A legislação e as disciplinas escolares

O processo de constituição de uma disciplina escolar, estando estreitamente ligado às suas finalidades, tem uma primeira documentação composta de:

> [...] uma série de textos oficiais programáticos, discursos ministeriais, leis, ordens e decretos, acordos, instruções, circulares, fixando os planos de estudos, os programas, os métodos, os exercícios (...)O estudo das finalidades começa evidentemente pela exploração deste *corpus*. (CHERVEL, 1990, p. 188-189, grifo do autor).

A identificação, a classificação e a organização dessas finalidades proporcionam ao pesquisador da história das disciplinas escolares a compreensão dos objetivos da sociedade, que são característicos da época em que são instituídas.

Outras finalidades, desta vez, mais sutis, devem ser procuradas nas entrelinhas de leis, decretos etc. O desenvolvimento do comportamento patriótico, da disciplina social, de comportamentos decentes, pode ser citado como exemplo de tais finalidades.

O conjunto dessas finalidades estabelece à escola sua função educativa e somente parte delas obriga-a a dar uma instrução. O sentido de instrução, por exemplo, para o ensino secundário, seria o conjunto de disciplinas que ensinam depois da instrução primária e que habilitam o estudante para a instrução superior.

A função da escola é vista de modo duplo: a de instruir e a de educar. O estudo das finalidades dos ensinos escolares servirá de revelador do sistema institucional da época estudada.

No entanto não podemos nos servir somente da documentação oficial para o estudo das finalidades do ensino, pois isso significaria envolver-se com a história das políticas educacionais e não das disciplinas escolares.

O estudo das finalidades reais do ensino nos permitirá responder à pergunta "por que a escola ensina o que ensina?" e não à pergunta "que é que a escola deveria ensinar para satisfazer os poderes públicos?" (CHERVEL, 1990, p. 190).

Para tal estudo, encontraremos para cada época: relatórios de inspeção, projetos de reforma, artigos ou manuais de didática, prefácio de manuais, polêmicas diversas, relatórios de presidentes de bancas, debates parlamentares, pronunciamentos e entrevistas dadas por professores, ministros e outros integrantes da sociedade. Junto da documentação oficial (leis, decretos, circulares, portarias etc.), esses documentos permitirão ao pesquisador da história das disciplinas escolares a melhor compreensão das reais finalidades do ensino da época estudada.

Essa compreensão levará à detecção de períodos, considerados de transição, quando novas finalidades do ensino forem levadas ao desarranjo de disciplinas estabilizadas, fazendo surgir o processo de constituição de uma nova disciplina escolar.

Os livros didáticos e a constituição da disciplina escolar

A análise dos livros didáticos editados para os Cursos Complementares e para os Cursos Clássico e Científico terá como objetivo verificar a constituição da disciplina escolar Matemática no segundo ciclo do ensino secundário.

Em suas capas, contracapas, prefácios, na organização interna dos conteúdos, nos métodos utilizados para o desenvolvimento das teorias, no posicionamento de exemplos e exercícios e nas referências bibliográficas que porventura apresentem, procuraremos indícios da constituição disciplinar da Matemática no colégio.

Os livros didáticos assim tratados, ou seja, como ferramentas pedagógicas destinadas a ajudar a aprendizagem dos alunos, a motivá-los e incitá-los ao estudo, contribuindo para mudanças nas metodologias de ensino e organização das matérias que poderão vir a se constituir em disciplina escolar, tiveram sua primeira definição, segundo Choppin, em seu texto "Passado y presente de los manuais escolares", no princípio da Revolução Francesa, em 10 de setembro de 1791, por Talleyrand ante a Assembleia Constituinte, em um informe sobre a instrução pública, realizado em nome do Comitê de Constituição:

> Os livros escolares são, em primeiro lugar, ferramentas pedagógicas (livros elementares, claros, precisos, metódicos, segundo Talleyrand) destinados a facilitar a aprendizagem. (que economizam inúteis esforços para aprende-las). Estas são para nós, atuais e antigos alunos, estudantes e professor, a função principal e a mais evidente. Não é a única. (CHOPPIN, 2000, p. 109).

A utilização dos livros didáticos como fonte de pesquisa para o estudo da constituição da disciplina escolar, tendo o ensino escolar como instrumento que coloca em ação as finalidades às quais estão sujeitos, os torna um dos meios de perpetuação de valores da sociedade.

Segundo Choppin (2000, p. 109, tradução nossa), "o livro se apresenta como o suporte, o depositário dos conhecimentos e das técnicas que em um momento dado uma sociedade acredita que a juventude deve adquirir para a perpetuação de seus valores".

Segundo essa visão, os livros agem como instrumento de poder, de aculturação do público a que estão destinados e ao compararmos livros utilizados em épocas de transição, entre, por exemplo, reformas educacionais, quando as finalidades são renovadas, poderão determinar se o processo de disciplinarização da disciplina escolar se efetivou.

Na análise e comparação dos livros didáticos editados para os Cursos Complementares e para os Cursos Clássico e Científico, observaremos os constituintes da disciplina escolar: exposição dos conteúdos, práticas de incitação e motivação, e aparelho docimológico.

Desta observação obteremos respostas a perguntas: como os conteúdos são expostos? Como a teoria está sendo desenvolvida? Qual é o posicionamento dos exercícios? Estão resolvidos ou a resolver? Estão dispostos logo após a teoria ou ao final do capítulo? Estão no mesmo livro ou em livro separado? Eles existem ou há somente a teoria? Seriam eles capazes de incitar ou motivar os alunos aos estudos? O autor do livro ou seus autores eram renomados?

Estas respostas ajudarão a detectar se o processo de disciplinarização da disciplina Matemática no colégio aconteceu ou não.

O conceito de apropriação

A análise que será realizada nesta pesquisa fará uso da legislação referente à Reforma Francisco Campos, naquilo que se aplica aos Cursos Complementares e a legislação referente à Reforma Gustavo Capanema, no que tange aos Cursos Clássico e Científico.

Da leitura e estudo dessas leis, realizaremos a análise das finalidades reais com que os ensinos de matemática são utilizados, o estudo e comparação do conteúdo programático de Matemática, com aqueles encontrados nos livros didáticos.

Com a pesquisa dos conteúdos e formas de apresentação dos livros didáticos, buscaremos a organização da exposição desses conteúdos, a coerência interna entre os diferentes tópicos abordados, a forma com que os exemplos e os exercícios são apresentados, a terminologia adotada, o rigor matemático e as referências bibliográficas utilizadas por seus autores.

Isto implica em ler, compreender e interpretar diferentes textos. Essa apropriação será feita de acordo com a visão de Roger Chartier, no texto "O Mundo como Representação", que tem com foco a leitura, a visão e como a apropriação dos textos pesquisados é realizada, dividindo-os em dois mundos: o do texto e o do leitor.

Do encontro desses dois mundos, o do texto e o do leitor, surgem duas hipóteses. A primeira hipótese sustenta que, segundo Chartier (1991, p. 178)., "a operação de construção de sentido efetuada na leitura (ou na escrita) como um processo historicamente determinado cujos modos e modelos variam de acordo com os tempos, os lugares, as comunidades".

A segunda hipótese considera que os significados do texto "dependem das formas por meio das quais é recebido por seus leitores (ou ouvintes)" (CHARTIER, 1991, p. 178).

Destas hipóteses surge a discussão sobre a influência da subjetividade das representações, passando pelo caminho dos símbolos, da imaginação e do poder que exercem sobre quem as está lendo ou ouvindo.

Essa influência, considerada por Chartier como desvios, se identificada usando da leitura dos textos, pode nos levar a discernir entre suas linhas, as sutilezas de mudanças em estruturas sociais de um determinado poder político, e analisar sob outro olhar os resultados das práticas culturais detectadas. Ao ler o texto referente à exposição de motivos de leis, como é um dos objetivos desta pesquisa, conseguiremos, com a visão proposta por Chartier, identificar as finalidades do ensino que não estão explicitamente escritas, aquelas consideradas por Chervel como sutis (desenvolvimento do sentimento patriótico, comportamentos decentes etc.).

Ao identificar finalidades do ensino consideradas sutis, poderemos fazer uma análise mais complexa, menos superficial, dos objetivos que norteiam as mudanças propostas e que podem levar as inovações pedagógicas, que poderão culminar no surgimento de uma disciplina escolar.

Sobre o trabalho com os livros didáticos, Chartier (1991) chama a atenção para a materialidade do livro ou texto, que também é um ponto importante a ser abordado na pesquisa.

Quando o aluno entra em contato com o livro didático, a sua leitura e a sua compreensão é susceptível à forma que o livro apresenta: figuras, desenhos, tipografia, diagramação. Um mesmo texto escrito em formas diferentes pode ser compreendido de diferentes maneiras.

Para Chartier, a forma tipográfica que o livro apresenta está intimamente relacionada com o público a atingir. Os autores dos livros didáticos, que constituirão a vulgata, apropriam-se das propostas inovadoras colocadas na legislação. Essa apropriação se fará dependendo de como eles fizeram a leitura do texto, ou seja, considerando as suas maneiras de ler, a cultura escolar e qual a abordagem dos conteúdos de ensino que o autor considera apropriada.

O próximo capítulo acrescentará a nossa pesquisa informações sobre a trajetória histórica da organização dos ensinos de matemática dos Cursos Complementares, da Reforma Francisco Campos, 1931-1942. Esta reforma educacional antecedeu à reforma que criou os Cursos Clássico e Científico e foi, segundo Romanelli (2005), a primeira tentativa que realmente deu início à organização do ensino secundário no território brasileiro.

O estudo dos ensinos escolares de Matemática destes Cursos Complementares é necessário na medida em que nos ajudarão a compreender o porquê das mudanças realizadas na Reforma Gustavo Capanema, que reorganizou o ensino secundário brasileiro e criou os Cursos Clássico e Científico. Estudar os conteúdos matemáticos, a metodologia empregada e os procedimentos visa estabelecer a ligação entre esses ensinos e as finalidades que os presidiram, e ajudarão a responder se a organização dos ensinos de matemática dos Cursos Clássico e Científico estabeleceu-se como uma disciplina escolar.

CAPÍTULO 2

OS CURSOS COMPLEMENTARES

O ensino secundário, antes da Reforma Francisco Campos, era considerado via de regra, de acordo com a Exposição de Motivos do Decreto n.º 19.890, de 18 de abril de 1931, como um simples instrumento de preparação dos jovens à prestação de exames para os cursos superiores, constituídos de uma gama de exames e provas.

A estrutura de ensino existente até a promulgação da Reforma Francisco Campos, de modo geral, de acordo com Romanelli (2005), nunca estivera organizada à base de um sistema educacional.

> Até essa época, o ensino secundário não tinha a organização digna desse nome, pois não passava, na maior parte do território nacional, de cursos preparatórios, de caráter, portanto, exclusivamente propedêutico. (ROMANELLI, 2005, p. 131).

Com a finalidade exclusiva de atender aos exames dos cursos superiores, perdeu o ensino secundário a finalidade educativa, que consistia, de acordo com a Exposição de Motivos anteriormente citada, no desenvolvimento das faculdades de apreciação, de juízo e de critério, considerados essenciais a todos os ramos da atividade humana.

Com o objetivo de conceder ao ensino secundário brasileiro um caráter eminentemente educativo, e não mais um instrumento pelo qual o jovem adquirisse os conceitos essenciais aos exames aos cursos superiores, fazendo destes mesmos exames, a finalidade em si do ensino secundário, foi elaborada a Reforma Francisco Campos.

Na exposição de motivos da Reforma Francisco Campos está escrito que: "a finalidade exclusiva do ensino secundário não há que ser a matrícula nos cursos superiores; o seu fim, pelo contrário, deve ser a formação do homem para todos os grandes setores da atividade nacional".

Os créditos dados a essa reforma educacional, segundo Romanelli (2005), foram de "dar organicidade ao ensino secundário, estabelecendo definitivamente o currículo seriado, a frequência obrigatória, dois ciclos, um fundamental e outro complementar, e a exigência de habilitação neles para o ingresso no ensino superior".

Além disso, promoveu a equiparação de todos os colégios oficiais ao Colégio Pedro II, mediante inspeção federal, e concedeu a mesma oportunidade às escolas particulares, desde que se submetessem também à inspeção federal.

Com respeito ao seu currículo, Romanelli (2005, p. 136) cita Maria Tetis Nunes: "O caráter enciclopédico de seus programas a tornava educação para uma elite". Essa reforma educacional abrangeu o período de 1931 a 1942, quando foi realizada a Reforma Gustavo Capanema.

A criação dos Cursos Complementares na Reforma Francisco Campos

A Reforma Francisco Campos (1931-1942) dividiu o Ensino Secundário brasileiro em dois ciclos. O primeiro ciclo chamado de Curso Fundamental, com a duração de cinco anos, e o segundo ciclo denominado Curso Complementar, com dois anos de duração.

O Curso Complementar oferecia três opções: Curso Pré-Jurídico, Curso Pré-Médico e Curso Pré-Politécnico e era obrigatório aos candidatos a matrícula nos cursos superiores.

Estes Cursos Complementares foram objeto de estudo de Maryneusa Cordeiro Otone e Silva (2006), com a dissertação intitulada "A Matemática do Curso Complementar da Reforma Francisco Campos".

De acordo com Otone e Silva (2006), os Cursos Complementares eram ministrados em anexos às faculdades a que eram destinados. Por exemplo, os candidatos à prestação de exames para a Faculdade de Direito do Largo São Francisco, em São Paulo, cursariam o Curso Complementar Pré-Jurídico.

As aulas eram ministradas em local anexo a esta faculdade. A mesma situação se verificava aos candidatos à prestação de exames para a Faculdade de Medicina, Farmácia e Odontologia da USP e aos candidatos à Faculdade de Engenharia e Arquitetura, Politécnica da USP, em São Paulo.

A Matemática dos Cursos Complementares

Os programas para o Curso Complementar foram expedidos em 17 de março de 1936, no Rio de Janeiro, de acordo com o § 2º do Art. 11 e nos termos do Art. 10, Decreto 21.241 de 1932:

> PROGRAMAS DO CURSO COMPLEMENTAR DO ENSINO SECUNDÁRIO
>
> O Ministro de Estado da Educação e Saúde Pública, em nome do Presidente da República dos Estados Unidos do Brasil,
>
> RESOLVE, de acordo com o § 2º do art. 11 e nos termos do art.10, decreto 21.241, de 4 de abril de 1932, expedir os programas do Curso Complementar, anexos à esta Portaria.
>
> Rio de Janeiro, 17 de março de 1936. – Gustavo Capanema. (BICUDO, 1949, p. 225-292).

O Decreto n.º 21.241, de 4 de abril de 1932, consolidava as disposições gerais sobre a organização do ensino secundário e outras providências e, no parágrafo segundo do Artigo 11, determinava que os programas de ensino do curso complementar seriam organizados e expedidos nos termos do Artigo 10.

Este artigo determinava que os programas do ensino secundário, bem como os métodos de ensino, expedidos pelo Ministério da Educação e Saúde Pública, seriam revistos, de três em três anos, por uma comissão designada pelo ministro.

Os ensinos de Matemática eram organizados com a finalidade de adaptar os jovens à prestação de exames para os cursos superiores, como está escrito na exposição de motivos da Reforma do Ensino Secundário, Decreto n.º 19.890, de 18 de abril de 1931, na qual Francisco Campos explica a finalidade do ensino secundário e quanto aos Cursos Complementares escreve:

> O curso foi dividido em duas partes, a primeira de cinco anos, que é a comum e fundamental, e a segunda, de dois anos, constituindo a necessária adaptação dos candidatos aos cursos superiores e dividida em três secções. Estas secções se constituíram de matérias agrupadas de acordo com a orientação profissional do estudante. (CD – A Matemática do Ginásio, 2005).

Podemos observar não só o caráter preparatório dos Cursos Complementares como também que as matérias deveriam seguir a opção do estudante.

Quando o estudante fosse prestar o exame para o Curso de Medicina, por exemplo, deveriam as matérias do Curso Complementar Pré-Médico ser agrupadas de acordo com o que este exame exigisse.

As finalidades do ensino da Matemática, de acordo com a exposição de motivos citada anteriormente, tinha por fim desenvolver a cultura espiritual do aluno pelo conhecimento dos processos matemáticos, habilitando-o, ao mesmo tempo, à concisão e ao rigor do raciocínio pela exposição clara do pensamento em linguagem precisa.

Observa-se que os ensinos de Matemática estariam pondo em ação as finalidades a que eram destinadas, ou seja, atender ao interesse imediato de sua utilidade e ao valor dos seus métodos, para que esse ensino fosse "efetivamente útil no manejo futuro das realidades e dos fatos da vida prática" (Exposição de Motivos, Decreto 19890 de 18.04.1931).

A organização desses ensinos de Matemática aparece de forma a atender as especificidades das faculdades a que se destinavam e de acordo com Otone (2006), os conteúdos matemáticos não apareciam no Curso Pré-Jurídico, somente o estudo da matéria intitulada Noções de Economia e Estatística, em que constavam algumas noções de Matemática Financeira e noções de Estatística.

No Curso Pré-Médico e no Curso Pré-Politécnico, os conteúdos matemáticos eram trabalhados e, segundo Otone e Silva (2006), estavam de acordo com os programas dos exames das faculdades a que se destinavam.

Apesar da concordância com os programas oficiais de Matemática, os ensinos de Matemática, para os Cursos Complementares Pré-Médico e Pré-Politécnico, constituíam dois cursos diferentes, como podemos observar quando comparamos os conteúdos matemáticos especificados para esses cursos, tendo em comum somente alguns tópicos.

Em suas considerações finais, Otone e Silva (2006), concluiu, depois de analisadas provas, legislação, atas de reuniões de professores e demais indícios de práticas escolares, que o ensino de Matemática ministrado nos Cursos Complementares, sob a ótica de Chervel, não se constituiu disciplina escolar, pois não apresentou um padrão estandardizado para a Matemática escolar.

Com base nesta conclusão, de que a organização dos ensinos de Matemática não se constituíram disciplina escolar para os Cursos Complementares, na Reforma Francisco Campos, iniciaremos o estudo da Reforma Gustavo Capanema, no que faz referência ao segundo ciclo do ensino secundário, os Cursos Clássico e Científico.

Utilizaremos primeiramente a legislação dessa reforma, que segundo Chervel, vai nos mostrar as finalidades explícitas do ensino secundário e também os conteúdos matemáticos a serem ministrados aos alunos desses cursos, procurando com isso iniciar a nossa busca por constituintes da disciplina escolar.

CAPÍTULO 3

OS CURSOS CLÁSSICO E CIENTÍFICO

Dentre os pontos considerados ineficientes da Reforma Francisco Campos, segundo Romanelli (2005), está a marginalização dos ensinos primário e normal e vários ramos do ensino médio profissional e ensino industrial, numa hora em que o país despertava para a industrialização.

Esses fatores contribuíram para que a reforma não conseguisse eliminar a anterior finalidade da educação voltada para a elite, não se preocupando com a implantação efetiva de um ensino técnico e científico e estabelecendo uma estrutura de ensino altamente seletiva.

Segundo Romanelli (2005), esta alta seletividade estabelecida na Reforma Francisco Campos foi devido à rigidez dos critérios de equiparação de escolas (estaduais e particulares), que acabaram por determinar limites estreitos para a matrícula dos jovens e a oficialização de um esquema de avaliação rígido e exagerado, quanto ao número de provas e exames, o que contribuiu para o baixo grau de rendimento dos alunos.

A alta seletividade produzida pelo sistema educacional implantado na Reforma Francisco Campos ficou evidenciada por alguns dados apresentados por Romanelli (2005), tendo como fonte Maria Tetis Nunes, na relação entre ingresso e conclusão do ensino secundário na década de 1930.

> [...] em 1937 concluíam o ciclo fundamental 10.997 alunos; em 1938,ingressavam no ciclo complementar 7.797 alunos, numa relação porcentual de 70.90%. Em 1941/1942, essa relação era de 53,85%. [...] A seletividade total do sistema patenteia-se na relação entre ingresso na 1.a série fundamental e conclusão na 2 série do complementar. Essa relação era de 17,73% no período 1933/1939, e de 14,46%, no período de 1937/1943. (ROMANELLI, 2005, p. 138).

Notamos aqui a influência significativa do aparelho docimológico, que, segundo Chervel, é um dos constituintes da disciplina escolar. A implantação de uma estrutura altamente seletiva, tendo como um dos fatores agravantes o sistema de avaliação extremamente rígido e exagerado, caracterizado pelo grande número de provas e exames, fazendo do ensino secundário, um ensino destinado à elite.

Dando prosseguimento às alterações realizadas na Reforma Francisco Campos e apoiando-se nos resultados obtidos por estas, foi elaborada a Reforma Gustavo Capanema.

Esta reforma educacional tomou o nome de Leis Orgânicas do Ensino e abrangeu todos os ramos do ensino primário e do secundário, decretados nos anos de 1942 a 1946, dando importância ao ensino industrial, ensino comercial, agrícola, ensino primário e secundário, procurando melhorar estes pontos que foram considerados ineficientes na Reforma Francisco Campos:

- Decreto-Lei n.º 4.073, de 30 de janeiro de 1942 – Lei Orgânica do Ensino Industrial.
- Decreto-Lei n.º 4.048, de 22 de janeiro de 1942 – Cria o Serviço Nacional de Aprendizagem Industrial.
- Decreto-Lei n.º 4.244, de 9 de abril de 1942 – Lei Orgânica do Ensino Secundário.
- Decreto-Lei n.º 6.141, de 28 de dezembro de 1943 – Lei Orgânica do Ensino Comercial.
- Decreto-Lei n.º 8.529, de 2 de janeiro de 1946 – Lei Orgânica do Ensino Primário.
- Decreto-Lei n.º 8.530, de 2 de janeiro de 1946 – Lei Orgânica do Ensino normal.
- Decretos-lei 8.621 e 8.622, de 10 de janeiro de 1946 – criam o Serviço Nacional de Aprendizagem Comercial.
- Decreto-Lei n.º 9.613, de 20 de agosto de 1946 – Lei Orgânica do Ensino Agrícola.

Para esta pesquisa vamos nos concentrar no Decreto-Lei n.º 4.244, de 9 de abril de 1942 – Lei Orgânica do Ensino Secundário e legislação complementar, tendo como foco o segundo ciclo do ensino secundário, a criação dos Cursos Clássico e Científico.

A criação dos Cursos Clássico e Científico na Reforma Gustavo Capanema

A Lei Orgânica do Ensino Secundário n.º 4.244, promulgada em 9 de abril de 1942, conhecida como Reforma Capanema, reorganizou o ensino secundário brasileiro.

O primeiro ciclo, na Reforma Francisco Campos denominado Curso Fundamental, com duração de cinco anos, passou a denominar-se ginásio, ou Curso Ginasial, com quatro anos de duração.

O segundo ciclo, denominado Curso Complementar na Reforma Francisco Campos, com dois de duração e com três opções (Pré-Jurídico, Pré-Médico e Pré-Politécnico), ficou sendo chamado pela Reforma Capanema de Colegial, ou Curso Colegial, com três anos de duração e duas opções (Clássico e Científico).

A duração do ensino secundário foi mantida em sete anos e no segundo ciclo, que é objeto de estudo desta pesquisa, houve não só a mudança do tempo de duração, de dois para três anos, mas também os objetivos que norteavam os estudos deste ciclo, baseados em experiências obtidas na Reforma Francisco Campos.

Segundo palavras do próprio ministro da Educação, Gustavo Capanema, em entrevista concedida ao jornal *Folha da Manhã*, em 9 de abril de 1942, data da promulgação da Lei Orgânica n.º 4.244, que reorganizou o ensino secundário brasileiro e cujo título da reportagem era "Ministro da Educação fala à imprensa sobre a nova orientação do ensino", seriam mantidas as conquistas pedagógicas alcançadas na reforma educacional anterior, a Reforma Francisco Campos, e feitas apenas modificações baseadas nas experiências obtidas com a referida reforma educacional

Nessa entrevista, Capanema elogia a Lei do Ensino Secundário de 1931, como sendo um dos mais grandiosos atos do programa do governo revolucionário, que deu ordem e método ao ensino secundário, valorizando o professor e possibilitando a disseminação da educação secundária por todo o país.

O ministro da Educação, Gustavo Capanema, explica que prosseguirá com o mesmo espírito de renovação e elevação, conservando as grandes conquistas pedagógicas e retificando o que a experiência demonstrou não ser conveniente.

Na exposição de motivos da Lei Orgânica do Ensino Secundário, de 1 de Abril de 1942, Gustavo Capanema explica que as vantagens provenientes do sistema educativo vigente na época, a Reforma Francisco Campos, consolidou o caráter educativo do ensino secundário, antes considerado como mero ensino de passagem para os cursos superiores.

Desta concepção decorreu a metodização do ensino secundário, ou seja, a seriação obrigatória de seus estudos e a sua generalização. Segundo as suas próprias palavras, em 1931 havia no Brasil menos de 200 escolas secundárias e na época, 1 de abril de 1942, seriam quase 800 escolas secundárias. Permitindo o acesso maior dos jovens às escolas secundárias.

Estas modificações consideradas importantes pelo ministro da Educação, Gustavo Capanema, serviriam de terreno amplo e favorável para o prosseguimento do trabalho de renovação e elevação do ensino secundário do Brasil.

A concepção do ensino secundário teria como finalidade fundamental, a formação da personalidade, adaptação às exigências da sociedade e socialização do adolescente.

O ensino secundário teria a função específica:

> [...] de formar nos adolescentes uma sólida cultura geral, marcada pelo cultivo a um tempo das humanidades antigas e das humanidades modernas, e bem assim, de neles acentuar e elevar a consciência patriótica e a consciência humanística. (Exposição de Motivos, 1942).

Continuando a sua explicação, nesta mesma Exposição de Motivos, Capanema afirma que o ensino secundário teria mais precisamente a finalidade de formar a consciência patriótica.

> [...] um ensino patriótico por excelência, e patriótico no sentido mais alto da palavra, isto é, um ensino capaz de dar aos adolescentes a compreensão da A continuidade histórica da pátria, a compreensão dos problemas e das necessidades, da missão e dos ideais da nação [...]. (Exposição de Motivos, 1942).

O ensino secundário teria como finalidade maior a formação da consciência humanística, desenvolvendo nos adolescentes a compreensão do valor e do destino do homem.

A limitação do Curso Ginasial para quatro anos serviria, segundo Capanema, para uma conveniente articulação do primeiro ciclo do ensino secundário com o segundo ciclo dos ramos especiais do ensino secundário: ensino técnico industrial, agrícola, comercial, administrativo e o ensino normal, concorrendo para maior utilização e democratização deste nível de ensino.

Essa maior utilização e democratização decorrem do fato de que, apesar da organização do ensino secundário realizada por Francisco Campos, fazer com que o ensino secundário não fosse visto pelos estudantes como mero conjunto de preparatórios, que deviam fazer apressadamente e de qualquer maneira, ainda não proporcionava a articulação conveniente com outros ramos do ensino secundário.

Quanto aos Cursos Clássico e Científico, não seriam considerados como dois rumos diferentes da vida escolar, como o eram as opções dos Cursos Complementares da Reforma Francisco Campos.

> [...] não são cursos especializados, cada qual com uma finalidade adequada a determinado setor de estudos superiores. (Exposição de Motivos, 1942).

A diferença entre eles seria que no Curso Clássico o ensino seria marcado por um acentuado estudo das letras antigas e no Curso Científico, o ensino seria marcado por um estudo acentuado das ciências.

Entretanto, a conclusão tanto do Curso Clássico quanto do Curso Científico permitiria o ingresso em qualquer modalidade de curso do ensino superior, o que não acontecia nos Cursos Complementares, na Reforma Francisco Campos.

Os alunos que concluíssem o Curso Pré-Jurídico estariam habilitados somente à prestação dos exames aos cursos superiores de Direito, os que acabassem o Curso Pré-Médico, somente aos cursos superiores da Faculdade de Medicina e os do Curso Pré-Politécnico, somente aos cursos superiores da Faculdade de Engenharia e Arquitetura.

Quanto ao estudo das ciências, que englobava os ensinos de Matemática e Ciências Naturais, seria no Curso Científico a Matemática estudada com maior profundidade do que no Curso Clássico. Essa diferença de profundidade nos ensinos de Matemática não deveriam ser tais que prejudicassem os alunos na formação intelectual necessária para a continuidade de seus estudos.

Outra mudança foi que as aulas, nos Cursos Complementares, eram ministradas em locais anexos aos cursos de ensino superior e nos Cursos Clássico e Científico passaram a ser ministradas em instituições de ensino secundário denominado colégios.

As recomendações para o ensino das matérias científicas (Ciências Naturais e Matemática) eram que, as finalidades e a organização desses ensinos, seriam voltadas para a formação do espírito científico, definido com as seguintes atribuições: curiosidade, desejo da verdade, compreensão da utilidade dos conhecimentos científicos e capacidade de aquisição destes conhecimentos.

Para isto, os professores teriam que conduzir as suas aulas, de modo que houvesse um regime de cooperação no trabalho pedagógico, em que os alunos seriam motivados a discutir e verificar, a ver e fazer, ou seja, participar ativamente das aulas e não mais adotarem a postura passiva dentro do processo de ensino e aprendizagem.

Gustavo Capanema enfatiza ainda, na Exposição de Motivos da Lei Orgânica do Ensino Secundário, de 1 de abril de 1942, que para a elaboração da reforma educacional foi ouvida a opinião dos representantes de todas as correntes pedagógicas.

Procurei conciliar as tendências opostas ou divergentes, notadamente no terreno da velha controvérsia entre os defensores e os negadores da atualidade do estudo das humanidades antigas.

Para a adaptação desse novo sistema de ensino, explica o texto da Exposição de Motivos, o prazo seria de dois anos. Os alunos que estivessem cursando a quinta série do Curso Fundamental e as duas séries dos Cursos Complementares continuariam os seus estudos normalmente.

Fazendo uma comparação entre os Cursos Complementares da Reforma Francisco Campos e os Cursos Clássico e Científico da Reforma Gustavo Capanema, podemos verificar que:

- Nos Cursos Complementares, o objetivo dos ensinos escolares era o de adaptar os jovens a prestação de exames para os cursos superiores e as matérias eram agrupadas de acordo com a opção do estudante. Escolhida a opção correspondente a um dos três Cursos Complementares, os jovens estavam habilitados somente para o curso superior ao qual o curso complementar escolhido era orientado.
- Nos Cursos Clássico e Científico, a finalidade principal do ensino é o desenvolvimento do sentimento patriótico, da consciência humanística. Não havia grandes diferenças entre os dois cursos, como o que acontecia com os Cursos Complementares, permitindo aos jovens de ambos os cursos, quando concluídos seus estudos neste nível, prestar exames para qualquer curso superior.

- As aulas do segundo ciclo do ensino secundário deslocaram-se de anexos aos cursos superiores para salas de aula localizadas em instituições de ensino secundário.
- O ensino secundário passou a ter, na Reforma Gustavo Capanema, o caráter estritamente patriótico e humanístico.
- Na Reforma Gustavo Capanema, o primeiro ciclo, Ginasial, proporcionaria maior interação como o segundo ciclo, sejam com os Cursos Clássico e Científico, seja com os Cursos Técnicos, por meio da diminuição do tempo de duração de cinco para quatro anos.

Os ensinos de Matemática dos Cursos Clássico e Científico

Em 16 de março de 1943, foi expedida a Portaria Ministerial n.º 177, publicada no Diário Oficial, em 18 de março do referido ano, contendo os programas de Matemática para os Cursos Clássico e Científico.

A organização dos ensinos de matemática para estes cursos seguia uma mesma estrutura. Na primeira série, do Clássico e do Científico, eram estudados Aritmética Teórica, Álgebra e Geometria.

Na segunda série, do Clássico e do Científico, eram abordados assuntos referentes à Álgebra, Geometria e Trigonometria e na terceira série, para ambos os cursos, Álgebra, Geometria e Geometria Analítica.

Segundo a Portaria Ministerial n.º 167, de 8 de março de 1943, que continha disposições sobre a limitação e distribuição do tempo dos trabalhos escolares no ensino secundário e outras providências, a carga horária para os Cursos Clássico, referente à Matemática era de três horas/aula semanais para as primeiras e segundas séries e duas horas/aula semanais na terceira série.

Para o Curso Científico, a Matemática era ministrada em quatro horas/aula semanais para as três séries.

Como já escrito, as diferenças nas cargas horárias, para a Matemática, entre os Cursos Clássico e Científico, se origina do maior aprofundamento dos estudos da Matemática no Curso Científico.

Da comparação entre os programas de Matemática dos Cursos Clássico e Científico, notamos que os conceitos abordados eram na grande maioria os mesmos, somente no Curso Científico observamos o estudo mais aprofundado em Geometria e Trigonometria.

Estas comparações nos levam a crer que os Cursos Clássico e Científico, estavam organizados tendo-se em vista os ensinos de Matemática, de maneira homogênea, na medida em que os conceitos matemáticos abordados não estavam dispostos na forma de matérias agrupadas, e, sim, apresentando uma unidade didática.

O caráter de cultura geral e humanística pode ser verificado na estruturação destes cursos, tendo como matérias comuns: Português, Francês, Inglês, Espanhol, Matemática, Física, Química, Biologia, História Geral e do Brasil, Geografia Geral e do Brasil e Filosofia.

O Grego era optativo e o Latim era obrigatório para os alunos do Curso Clássico. Para os alunos do Curso Científico, o estudo de Desenho era obrigatório. Os conceitos matemáticos estavam dispostos segundo uma lógica interna, revelando unidades didáticas, que segundo Chervel, indicam que a transformação sofrida na organização dos ensinos de matemática poderá levar os docentes a experiências pedagógicas semelhantes.

Isto quer dizer que, dada a configuração dos ensinos matemáticos, a forma de expor a teoria, a escolha dos exemplos, a utilização de exercícios poderão levar a uma uniformização de práticas pedagógicas, levando a constituição da disciplina matemática neste nível de ensino.

Essas práticas pedagógicas podem ser observadas quando investigamos os arquivos escolares. Nesses arquivos podemos encontrar vestígios das práticas de professores e alunos, como: provas, diários de classe, fichas histórico, atas de reuniões pedagógicas, livros consultados por alunos e professores, e toda a documentação pertinente ao funcionamento da escola.

O próximo item desta pesquisa fornecerá subsídios para o entendimento da movimentação das escolas de ensino secundário do estado de São Paulo, visando à adaptação às mudanças propostas pela Reforma Gustavo Capanema, com a utilização dos Diários Oficiais do Estado de São Paulo (1942-1943) e investigações das práticas escolares desse período, com a utilização de pesquisa em arquivos escolares.

Os arquivos escolares: vestígios das práticas pedagógicas

A movimentação das escolas no estado de São Paulo, visando à adaptação à nova organização do ensino secundário, Reforma Capanema, pode ser observado na leitura dos Diários Oficiais do Estado de São Paulo, nos anos de 1942 e 1943.

Em março de 1943, foi publicado o edital de autorização dos Cursos Clássico no Ginásio do Estado da Capital, hoje Escola Estadual São Paulo, e a convocação dos alunos que concluíram o curso secundário, quartas e quintas séries e os repetentes do Colégio Universitário.

Naquela mesma data, as Escolas Normais Oficiais de Tatuí, Casa Branca, Catanduva, Mococa, Pirassununga e os Ginásios da Capital, Araraquara, Campinas, Itu, Jaboticabal, Pirajuí, Ribeirão Preto, Rio Claro, Rio Preto e São João da Boa Vista, convocavam alunos à matrícula nas primeiras e segundas séries dos Cursos Clássico e Científico, que tivessem sido aprovados na quarta ou quinta série do curso fundamental.

Com o objetivo de pesquisar vestígios de práticas escolares dos Cursos Clássico e Científico, que poderiam nos indicar como estes cursos foram conduzidos, qual o conteúdo matemático ministrado aos alunos, qual a forma de exposição desses conhecimentos pelos professores, quais as práticas de incitação e motivação para com os alunos e como eram organizadas as provas ou exames, fomos aos arquivos escolares de uma das escolas mencionadas nos editais.

Essa escola estadual, hoje denominada Escola Estadual São Paulo, na época, Ginásio da Capital, localizada no Parque Dom Pedro II, no centro da cidade de São Paulo, foi o primeiro ginásio oficial e seriado do estado de São Paulo.

Inaugurada em 16 de setembro de 1894 e em 6 de abril de 1896, equiparada ao Ginásio Nacional e com o Colégio Pedro II e a Escola Normal de São Paulo, tornou-se uma das principais instituições oficiais do país.

O arquivo escolar dessa instituição de ensino contém prontuários de alunos datados desde 1894. Nesses prontuários encontram-se fichas individuais, requerimentos de matrículas, boletins de alunos, histórico escolar, certificados de licença ginasial e colegial, exames de admissão, provas de várias matérias, diários de classe, atas de reuniões, relatório de visitas de inspetores, livro com registro de livros da biblioteca da escola e registro dos alunos que a frequentavam.

No ano de 1942, não foi encontrado nenhum documento relativo aos Cursos Clássico e Científico.

Em 1943, encontramos requerimento de matrícula para a segunda série do Curso Científico, registro de aluna do Curso Clássico no livro da biblioteca da escola.

Encontramos o registro de funcionamento do segundo ciclo no livro de visitas do inspetor, indicando que as aulas desse ciclo se iniciaram em 12 de maio de 1943, com 599 alunos matriculados.

A procura de trabalhos realizados por alunos, segundo Chervel, fontes primárias que nos mostram as práticas pedagógicas de professores da época, teve como resultados no Curso Científico: três provas da primeira série (1944, 1947 e 1949), uma prova da segunda série de 1953 e duas provas da terceira série de 1954.

Para o Curso Clássico encontramos uma prova da primeira série, datada de 1949; uma prova da segunda série, datada de 1946 e uma prova da terceira série, datada de 1953. Foi encontrada uma prova da primeira série do Colegial, sem alusão à opção feita pelo aluno, se Clássico ou Científico.

O baixo número de provas encontradas dos Cursos Clássico e Científico pode ser devido à legislação existente desde a Reforma Francisco Campos, que permitia que as provas parciais fossem incineradas no fim do ano seguinte ao da sua realização, de acordo com Portaria n.º 20, de 12 de janeiro de 1939, do Departamento Nacional de Educação, capítulo XIX – Documentação – Arquivo, parágrafo 139.

A Circular n.º 5, de 15 de junho de 1941, trazia também recomendações aos inspetores quanto ao uso das provas como recurso didático, consagrando uma aula ao estudo e comentário das provas, que depois de corrigidas deveriam ser devolvidas aos alunos, para que pudessem corrigir seus erros e estudar para a prova seguinte.

A legislação que determinava a forma de arquivo das provas do ensino secundário, continuou praticamente a mesma, durante a década de 1940 e, em 1951, a Portaria n.º 501, de 19 de maio de 1952, expedia instruções relativas ao ensino secundário, e continha no Capítulo XX – Administração Escolar, no Artigo 106, parágrafo 2, item 10, as orientações para conservação dos documentos listados no parágrafo anterior, fazendo menção às provas escritas, dizendo que podiam ser incineradas no fim do ano letivo seguinte ao de sua realização, continuando, portanto, a mesma forma de arquivo desde a publicação da Portaria n.º 20, de 12 de janeiro de 1939, do Departamento Nacional de Educação, capítulo XIX – Documentação – Arquivo, parágrafo 139.

Outros indícios de práticas pedagógicas foram encontrados nos diários de classe nos anos de 1940. Esses diários eram preenchidos por professores e traziam a data, a classe, a série, o curso e a matéria ministrada.

Analisando-se os diários referentes às provas encontradas, pudemos somente constatar que os professores dos Cursos Clássico e Científico, procuravam seguir os programas oficiais de Matemática, mas não nos forneciam detalhes suficientes para identificar se os conteúdos de Matemática se constituíam em disciplina escolar.

Diante da dificuldade encontrada na pesquisa nos arquivos escolares, decidimos analisar os livros didáticos editados para os Cursos Complementares e para os Cursos Clássico e Científico, procurando identificar as transformações sofridas na organização dos ensinos de Matemática para esse nível de ensino.

CAPÍTULO 4

OS LIVROS DIDÁTICOS COMO FONTES DE PESQUISA

O estudo da constituição da disciplina escolar implica na pesquisa da análise dos processos de ensino e de aprendizagem, das mudanças ocorridas na estrutura curricular, dentre outros elementos da cultura escolar.

Estes fatores colocam questões sobre os conteúdos em nossa pesquisa: como os conteúdos matemáticos eram ensinados? Para que e por que eram ensinados?

André Chervel coloca o conteúdo como um dos mais importantes componentes no estudo da história das disciplinas escolares. As fontes para esse tipo de estudo incluem uma vasta documentação à base de cursos manuscritos, manuais e periódicos pedagógicos. Esse conjunto de materiais tem características próprias à época em que foram produzidos. Dentre eles estão os livros didáticos, destacados por Chervel (1990), como de extrema importância. O estudo dos livros didáticos utilizados por professores e alunos, em diferentes épocas, pode nos mostrar como uma disciplina escolar se instalou e estabilizou- se.

O conceito da vulgata

Segundo os ensinamentos teóricos de Chervel, os livros didáticos possuem, numa determinada época, estruturas e conteúdos semelhantes. A abordagem dos assuntos também tem a tendência a ser similar.

A este conjunto de materiais, em que estão inseridos os livros didáticos, Chervel (1990) denomina vulgata.

O conjunto de livros didáticos que caracteriza uma vulgata sofre alterações, principalmente, após um período em que a disciplina passa por modificações na estrutura do ensino, nos conteúdos ou em suas abordagens.

Nesse período de transição, podemos encontrar livros do antigo programa e outros que aderiram ao novo programa. Nessa fase, é comum encontrar um manual, ou conjunto de manuais, que foi o responsável por inspirar novas produções didáticas, a ponto de gerar uma nova vulgata. Podemos dizer então, que os livros que formam uma nova vulgata seguem um manual ou conjunto de manuais inovadores. É ao redor dele que se constitui uma nova padronização das sequências e organização didática dos conteúdos escolares.

> Mas pouco a pouco, um manual mais audacioso, ou mais sistemático, ou mais simples que os outros, destaca-se do conjunto, fixa os "novos métodos", ganha gradualmente os setores mais recuados do território, e se impõe. É a ele que doravante se imita, é ao redor dele que se constitui a nova vulgata. (CHERVEL, 1990, p. 204).

A vulgata caracteriza um período de estabilização numa disciplina. Nesse momento, os exercícios propostos, as abordagens feitas pelos autores, e as sequências de conteúdos didáticos estão estabilizadas, compondo a maioria dos livros.

Sendo o núcleo da disciplina, segundo Chervel (1990), constituído pelos conteúdos explícitos e pelos exercícios; estudando a formação da vulgata teremos a oportunidade de estudar a constituição de uma disciplina.

Analisando-se o livro didático sob este olhar, poderemos observar como o autor nomeou, introduziu, organizou internamente os conteúdos, qual foi a metodologia utilizada para a exposição desses conteúdos, qual foi a bibliografia adotada, como está escrito, quais recursos visuais foram utilizados para facilitar o aprendizado e quais eram as finalidades desse ensino, dentre outros elementos.

Para iniciarmos as investigações nos livros didáticos, é necessário também estudar a legislação que estabelece as condições de produção e utilização desses livros, legislação esta a que os autores procurarão obedecer.

A legislação: produção e divulgação dos livros didáticos

Para o nosso estudo, utilizaremos a legislação que parametrizou a produção dos livros didáticos, na Reforma Francisco Campos e na Reforma Gustavo Capanema. No período estudado, foram expedidos os seguintes decretos-lei e portarias:

- Decreto-Lei n.º 93, de 21 de dezembro de 1937, que criou o Instituto Nacional do Livro.
- Decreto-Lei n.º 1006, de 30 de dezembro de 1938, que estabeleceu as condições de produção, importação e utilização do livro didático.
- Portaria n.º 142, de 24 de abril de 1939, que possuía instruções a serem observadas pelos estabelecimentos de ensino secundário, oficiais ou particulares, que funcionassem sob a inspeção federal, e versava sobre a utilização dos livros escolares por professores e alunos.
- Decreto-Lei n.º 1417, de 13 de julho de 1939, que dispunha sobre o regime do livro didático.
- Decreto-Lei n.º 2359, de 3 de julho de 1940, instruções sobre o exame inicial dos livros didáticos.
- Portaria Ministerial n.º 253, de 24 de dezembro de 1940, instruções para funcionamento da Comissão Nacional do Livro Didático.
- Decreto-Lei n.º 2934, de 31 de dezembro de 1940, disposições sobre o regime do livro didático e sobre o funcionamento da Comissão Nacional do Livro Didático no ano de 1941.
- Decreto-Lei n.º 3580, de 3 de setembro de 1941, disposições sobre a Comissão do Livro Didático e outras providências.
- Decreto-Lei n.º 8460, de 26 de dezembro de 1945, consolida a legislação sobre as condições de produção, importação e utilização do livro didático.
- Portaria n.º 501, de 19 de maio de 1952, expede instruções relativas ao ensino secundário – Capítulo sete "Livro Didático".

O Instituto Nacional do Livro (INL) foi criado em dezembro de 1937, por iniciativa do ministro Gustavo Capanema. Como suas atribuições estavam previstas: edição de obras literárias julgadas de interesse para a formação cultural da população; elaboração de uma enciclopédia e um dicionário nacional; a expansão do número de bibliotecas públicas por todo o território nacional; promover medidas necessárias para aumentar, melhorar e baratear a edição de livros no país, bem como facilitar a importação de livros estrangeiros. A sede para os seus trabalhos ficaria no edifício da Biblioteca Nacional, no Rio de Janeiro.

As publicações do INL só seriam distribuídas gratuitamente às bibliotecas públicas a ele filiadas, e as vendas para o país seriam feitas por preços que apenas bastassem para compensar total ou parcialmente o seu custo

Em 30 de dezembro de 1938, o Decreto-Lei n.º 1006 estabelecia as condições de produção, importação e utilização do livro didático. Por esse decreto, seriam considerados livros didáticos os compêndios e os livros de leitura de classe. Compêndios seriam os livros que expusessem, total ou parcialmente, a matéria das disciplinas constantes dos programas escolares e livros de leitura de classe, seriam os livros usados para leitura dos alunos em aula.

Quanto à adoção dos livros didáticos pelas instituições de ensino das escolas pré-primárias, primárias normais, profissionais e secundárias, em todo o país, só poderiam ser adotados os livros didáticos que tivessem tido autorização prévia, concedida pelo Ministério da Educação. Essa medida teria validade a partir de 1 de janeiro de 1940.

Seria livre ao professor a escolha do processo de utilização dos livros adotados, observadas as orientações didáticas dos programas escolares, ficando vedado o ditado de lições constantes nos compêndios ou o ditado de notas relativas a pontos dos programas escolares. O mesmo livro poderia ser adotado em anos sucessivos, mas não poderia ser mudado no decurso do ano letivo em que foi escolhido.

A Comissão Nacional do Livro Didático (CNLD), a partir desse decreto, ficaria instituída em caráter permanente, e teria em sua composição sete membros, designados pelo presidente da República e escolhidos dentre pessoas de notório preparo pedagógico e reconhecido valor moral. Dessas sete pessoas, duas seriam especializadas em metodologia das línguas, três especializadas em metodologias das ciências e duas especializadas em metodologia das técnicas.

Os membros da CNDL não poderiam ter nenhuma ligação de caráter comercial com qualquer editora do país ou do estrangeiro.

A essa comissão caberia: examinar os livros didáticos; estimular a produção e orientar a importação dos livros didáticos; indicar livros didáticos estrangeiros de notável valor, promover periodicamente, a organização de exposições nacionais dos livros didáticos cujo uso tivesse sido autorizado na forma da lei.

A autorização para o uso do livro didático seria requerida pelo interessado, autor ou editor, importador ou vendedor, em petição dirigida ao Ministro da Educação, à qual se juntariam três exemplares da obra, impressos ou datilografados. Essas petições de autorização seriam encaminhadas à CNDL, que tomaria conhecimento das obras a examinar, segundo a ordem cronológica de sua entrada no Ministério da Educação.

A CNDL poderia indicar modificações a serem feitas no texto da obra examinada. Neste caso, a obra deveria ser modificada e novamente submetida ao exame pela Comissão Nacional do Livro Didático.

As reedições dos livros didáticos autorizados pela CNLD poderiam ser feitas, caso não incluíssem importantes adições ou alterações, independentemente de nova petição, mas deveriam ser comunicadas à CNLD. Caso houvesse importantes adições ou alterações, deveriam ser encaminhadas para exame da CNLD.

Cada livro autorizado seria registrado e numerado pela CNLD. No registro, deveriam ser incluídas todas as alterações sofridas e um sumário de sua matéria.

Anualmente, no mês de janeiro, o Ministério da Educação publicaria em Diário Oficial a relação completa dos livros didáticos de uso autorizado, agrupados segundo os graus e ramos do ensino e apresentados, em cada grupo, pela ordem alfabética dos autores, com as alterações sofridas e o sumário da matéria.

Os livros didáticos autorizados deveriam ter impressos, diretamente ou por meio de etiquetas, em sua capa, os seguintes dizeres: "Livro de uso autorizado pelo Ministério da Educação. Registro n.º [o número do registro feito pela CNLD]".

As causas que impediriam a autorização do livro didático seriam: atentar contra a unidade, a independência ou a honra nacional; conter pregação ideológica ou indicação de violência contra o regime político adotado pela Nação; envolver qualquer ofensa ao chefe da Nação, ou às autoridades constituídas, ao Exército, à Marinha, ou às demais instituições nacionais; desprezar as tradições nacionais; inspirar sentimento de superioridade ou inferioridade do homem de uma região do país, em relação às demais regiões; incitar ódio contra as raças e nações estrangeiras; despertar ou alimentar a oposição e a luta entre as classes sociais; negar ou destruir o sentimento religioso; atentar contra a família, inspirar desamor à virtude; ser escrito em linguagem defeituosa (incorreção gramatical, uso de gírias etc.); apresentar assuntos com erros de natureza científica ou técnica; conter erros de natureza pedagógica ou não observar das normas didáticas oficialmente adotadas; não trazer por extenso o nome do autor ou dos autores; não declaração do preço de venda; não estar escrito na língua nacional (DECRETO-LEI numero 1006, de 30 de Dezembro de 1938, capítulo IV – Das Causas que impedem a autorização do livro didático, artigo 20).

Quanto à adoção dos livros didáticos, seriam impedidos aqueles livros de autoria do professor, com sua classe, do diretor, na sua escola, e de qualquer autoridade escolar, de caráter técnico ou administrativo na sua circunscrição sobre que se exercer a sua jurisdição, salvo se o livro fosse editado pelos poderes públicos.

Desde a criação do Instituto Nacional do Livro, em 1937, até julho de 1940, o exame inicial dos livros didáticos não estava sendo realizado, e porque isto demandaria considerável trabalho, o prazo de validade dos Decretos-Lei n.º 1177, de 29 de março de 1939 para o ano de 1940 e o de n.º 1006, de 30 de dezembro de 1938, foram prorrogados até 1 de janeiro de 1941 e, novamente prorrogados até 1 de janeiro de 1942.

Portanto, até fins de 1941, de acordo com a legislação analisada, o exame dos livros didáticos pela Comissão Nacional do Livro Didático ainda não tinha sido realizado e os livros editados nesse período não estavam ainda sob as restrições propostas pelo governo.

Em 1945, o Decreto-Lei n.º 8460, de 26 de dezembro do mesmo ano, consolidou a legislação sobre as condições de produção, importação e utilização do livro didático. Comparando-a ao Decreto-Lei n.º 1006 de 30 de dezembro de 1938, as mudanças sofridas foram: o aumento do número de membros da Comissão Nacional do Livro Didático, de sete para 15 e a publicação da relação dos livros didáticos autorizados, antes publicados todo mês de janeiro, passaria a ser publicada semestralmente, no Diário Oficial, não havendo o compromisso de o sumário e a matéria contida nesses livros serem também publicados.

Podemos concluir, a partir da legislação analisada, que até o ano de 1945, a legislação que norteava a produção, importação e legislação dos livros didáticos não estaria ainda sendo totalmente cumprida, cabendo aos professores a escolha, de qual livro ou quais livros utilizar e indicar para os seus alunos.

Em 2006, o órgão específico para legislar sobre a política do livro didático para o ensino médio está consubstanciado no Programa Nacional do Livro Didático (PNDL) e no Programa Nacional do Livro Didático para o Ensino Médio (PNLEM). Estes programas são mantidos, em 2006, pelo Fundo Nacional de Desenvolvimento da Educação, FNDE, com recursos financeiros do Orçamento Geral da União e da arrecadação do salário-educação. (site www.fnde.gov.br., acessado em 27.06.2006).

Os livros didáticos de Matemática para o ensino médio são fornecidos gratuitamente pelo Governo do Estado de São Paulo às escolas estaduais que possuem esse nível de ensino e o processo de seleção desses livros é feito a partir de três opções de coleções de livros didáticos, oferecidas aos professores, pelo Governo do Estado de São Paulo.

A seleção dos livros didáticos

Os livros didáticos escolhidos para a análise dos programas de Matemática, editados para os Cursos Complementares e para os Cursos Clássico e Científico, seguiram o seguinte critério de seleção:

- Edição entre 1936, quando os programas de Matemática dos Cursos Complementares foram oficializados e, 1951, quando foi expedida a Portaria n.º 966, de 2 de outubro de 1951, que aprovou novos programas para as diversas disciplinas do ensino secundário brasileiro.
- Autores que fossem reconhecidamente renomados, no período estudado, pelo número de edições publicadas, pela posição que ocupavam política e profissionalmente.

Os livros didáticos selecionados, de acordo com o critério de seleção descrito, foram em grande parte de autores que marcaram a sua participação no processo de constituição da disciplina Matemática no primeiro ciclo do ensino secundário, chamado de Curso Fundamental, na Reforma Francisco Campos e de Ginásio, na Reforma Gustavo Capanema. Esses autores participaram ativamente nas reuniões no Ministério da Educação e Cultura, no Colégio Pedro II, e outros eventos em que eram discutidos programas e metodologias de Matemática, para esse nível de ensino.

A maioria desses autores, também professores de Matemática, atravessou o período estudado, a Reforma Francisco Campos e a Reforma Gustavo Capanema, publicando desde os livros para o Ginásio até livros para os Cursos Complementares e Cursos Clássico e Científico.

Os autores apresentados nesta pesquisa são: Miron Resnik, Julio Cesar de Mello e Souza, Roberto José Fontes Peixoto, Alberto Nunes Serrão, Haroldo Lisboa da Cunha, Francisco Antonio Lacaz Netto, Sonnino,

Euclides Roxo, César Dacorso Netto e cadetes da Escola Militar do Rio de Janeiro, os quais publicaram um livro.

Este livro mencionado, sendo oriundo de apontamentos de alunos da Escola Militar do Rio de Janeiro, tem, segundo Chervel, grande importância por ser praticamente o exemplo de um caderno de alunos, fonte primária para o estudo das práticas escolares.

Apontaremos uma breve biografia de muitos dos autores citados, para mostrar a importância dos livros por eles escritos, pela sua vida acadêmica e profissional. Em sua maioria, os dados biográficos dos autores foram retirados das capas e contra-capas dos livros analisados e do CD-ROM intitulado *A Matemática do Ginásio,* organizado por integrantes do GHEMAT.

Alberto Nunes Serrão

Professor-chefe da seção de Matemática do Colégio Universitário da Universidade do Brasil. Engenheiro civil e geógrafo pela Escola Nacional de Engenharia. Docente-livre da Cadeira de Cálculo Infinitesimal, Geometria Analítica e Noções de Nomografia da Escola Nacional de Engenharia.

Ex-professor de Matemática do Curso Complementar do Colégio Pedro II, do Instituto de Educação do Estado do Rio de Janeiro.

Em 1942, no livro *Lições de Trigonometria Retilínea e de Cálculo Vetorial,* editado por Edições Boffoni, constava não somente a vida acadêmica aqui descrita, como também outras publicações do autor: *Lições de Análise Algébrica* , Edição da Livraria Globo, Porto Alegre, 1940. *Lições de Matemática para Médicos e Químicos,* Edição da Livraria Globo, Porto Alegre, 1941.

Julio Cesar de Mello e Souza

Nasceu no dia 6 de maio de 1895, na cidade do Rio de Janeiro. Em 1906, matriculou-se no Colégio Militar da mesma cidade. Em 1909, transferiu-se para o Internato do Colégio Pedro II.

Fez o curso de professor primário na antiga Escola Normal do Distrito Federal, hoje Instituto de Educação, RJ. Ingressou na Escola Politécnica no ano de 1913 e formou-se Engenheiro Civil sem nunca ter exercido a profissão.

Foi professor do Colégio Pedro II por 12 anos. Em 1926, foi nomeado, por concurso, para o cargo de professor catedrático da Universidade do Brasil (Escola Nacional de Belas Artes), mais tarde transferido para a Faculdade

Nacional de Arquitetura. Mello e Souza faleceu no dia 18 de junho de 1974. Publicou mais de 100 livros, muito deles por meio do pseudônimo de Malba Tahan, pelo qual se tornou internacionalmente conhecido.

De acordo com a segunda edição do seu livro *Geometria Analítica*, segunda parte, editado em 1940, pela Livraria Francisco Alves, no Rio de Janeiro, o autor possuía outras obras: *Histórias e fantasias da Matemática Geometria Analítica* – I parte; *Matemática divertida e curiosa; Trigonometria hiperbólica; Funções moduladas Noções de Cálculo diferencial; Noções de cálculo integra; Elementos de nomografia Ciência recreativa; Matemática para Médicos e Químicos.* Não havia indicações do ano, editora e edição destes livros mencionados.

Roberto José Fontes Peixoto

Professor do Instituto de Educação. Engenheiro civil pela Escola Politécnica do Rio de Janeiro, professor de Matemática das Escolas Técnicas Secundárias da Prefeitura do Distrito Federal, do Colégio Paula Freitas; do Ginásio Vera-Cruz e do Instituto Superior de Preparatórios.

Do livro *Matemática 2º Ciclo – 1ª, 2ª e 3ª Séries*, dos Cursos Clássico e Científico, encontramos a seguinte lista de livros publicados pelo autor: *Geometria Analítica a duas dimensões, Geometria Analítica a três dimensões, Exercícios de Geometria Analítica a duas dimensões, Exercícios de Geometria Analítica a três dimensões, Cálculo Vetorial, Questiúnculas matemáticas* (esgotado). (Não havia indicações do ano, editora e edição destes livros mencionados).

Euclides Roxo

Euclides de Medeiros Guimarães Roxo nasceu em Aracaju, Sergipe, em 10 de dezembro de 1890. Faleceu no Rio de Janeiro, no dia 21 de setembro de 1950. Em 1909, bacharelou-se no Colégio Pedro II.

Formou-se em engenharia em 1916, pela Escola Politécnica do Rio de Janeiro. Em 1915, foi aprovado em concurso para professor substituto de Matemática no Colégio Pedro II. Posteriormente, em 1919, foi nomeado catedrático nesse estabelecimento de ensino e aí também examinador de Francês, Latim e Matemática nos exames do Colégio Pedro II. Além disso, foi aprovado em concurso para catedrático do Instituto de Educação.

No Colégio Pedro II, foi diretor de 1925 a 1935 (de 1925 a 1930 no externato e de 1930 a 1935 no internato). Em 1937, foi nomeado diretor do Ensino Secundário do Ministério da Educação e Saúde. Foi membro do Conselho Diretor da Associação Brasileira de Educação (ABE) de 1929 a 1931 e fez parte da comissão do ensino secundário da mesma associação, fundada na Segunda Conferência da ABE; foi Presidente da Comissão Nacional do Livro Didático.

Do livro de *Matemática 2º Ciclo,* da primeira a terceira série, dos Cursos Clássico e Científico, 1944 a 1945, retiramos a seguinte lista de obras publicados pelo autor: *Lições de Aritmética, Curso de Matemática – 3ª* Série (Geometria), A Matemática na Educação Secundária, Unidades e Medidas. Em colaboração: *Matemática Ginasial – 1ª, 2ª, 3ª e 4ª* Série, Exercícios de Aritmética, Exercícios de Álgebra, Exercícios de *Geometria e Exercícios de Trigonometria.* Não havia maiores informações sobre estas obras mencionadas).

Haroldo Lisboa da Cunha

Engenheiro Civil e eletricista. Professor catedrático de Matemática do Colégio Pedro II e Docente livre de Cálculo Infinitesimal e de Complementos de Geometria analítica e Noções de Nomografia da Escola Nacional de Engenharia da Universidade do Brasil. Ex-professor do Instituto de Educação.

No livro *Matemática 2º Ciclo,* da primeira a terceira série, encontramos a seguinte lista de obras publicadas pelo autor: "Sobre as equações algébricas e sua solução por meio de radicais", Rio, 1933 (Tese), "Pontos de Álgebra Complementar (Teoria das equações)", Rio, 1939.

Cesar Dacorso Netto

No livro *Matemática 2º Ciclo,* encontramos uma única referência à sua vida profissional, professor do Instituto de Educação e a lista de obras publicadas pelo autor: *Elementos de Aritmética,* Livraria Globo, Porto Alegre, 1938, *Esboço sobre a transformação em Matemática elementar.* Rio, 1933 (tese).

F. A. Lacaz Netto

Professor interino da Escola Politécnica da Universidade de São Paulo (1942).

Os livros didáticos para os Cursos Complementares

Passaremos à apresentação dos livros didáticos analisados nesta pesquisa.

O trajeto histórico dos ensinos de Matemática dos Cursos Complementares, na Reforma Francisco Campos, 1931 a 1942, até o dos Cursos Colegiais, na Reforma Gustavo Capanema, 1942 a 1961, pode ser verificado, levando em conta a elaboração teórica de Chervel, analisando-se os livros didáticos desses dois períodos.

Os Cursos Complementares eram organizados para atender os cursos superiores, tinham caráter preparatório, que lembra os atuais cursinhos pré--vestibulares. Os conteúdos de Matemática eram ensinados como a finalidade da prestação de exames, e como havia três grandes áreas de interesse dos alunos, a saber: Medicina, Engenharia ou Arquitetura e Direito, estes conteúdos eram dispostos de acordo com o que essas faculdades exigiam nos seus cursos de admissão.

Ao entrarmos em contato com os livros didáticos dessa época, notamos já pelo título dos livros, essa forma de organização dos conteúdos. A seguir, mostraremos capas e contracapas de alguns dos livros de Matemática editados para os Cursos Complementares, com edições a partir de 1936.

Capa do livro *Curso de Trigonometria,* de Miron Resnik

Fonte: RESNIK, M. Curso de Trigonometria. São Paulo: Livraria Acadêmica

Capa do livro *Geometria Analítica – I parte,* de J. C. Mello e Souza

J. C. MELLO E SOUZA
(Da Escola de Belas Artes)

GEOMETRIA
ANALÍTICA

I PARTE

3.ª EDIÇÃO

1938

LIVRARIA FRANCISCO ALVES
166, RUA DO OUVIDOR, 166 — RIO DE JANEIRO
49-A Rua Libero Badaró — São Paulo
Rua da Baia, 1052 — Belo Horizonte

Fonte: SOUZA, J. C. M. GEOMETRIA ANALÍTICA – I PARTE.
3. ed. Rio de Janeiro: Livraria Francisco Alves, 1938.

Capa do livro *Elementos de Geometria Analítica,* de Roberto Peixoto

ROBERTO PEIXOTO

Engenheiro civil pela Escola Pólitecnica do Rio de Janeiro, prof. de Matematica das Escólas Tecnicas Secundarias da Prefeitura do Distrito Federal, do Colegio Paula Freitas; do Ginasio Vera-Cruz e do Instituto Superior de Preparatorios.

Elementos de

Geometria Analitica

de acordo com os programas do exame vestibular da Escóla Pólitecnica e dos cursos complementares.

1 9 3 8

ORCAR MANO & CIA

EDITORES

RIO DE JANEIRO

Fonte: PEIXOTO, R. ELEMENTOS DE GEOMETRIA ANALÍTICA. Rio de Janeiro; Orcar Mano & Cia, 1938

Capa do livro *Elementos de Geometria Analítica* – segunda parte, de Roberto Peixoto

ROBERTO PEIXOTO

Elementos de

Geometria Analitica

Geometria de três dimensões

Segunda Parte

EDITORES
OSCAR MANO & CIA.
RIO

Fonte: PEIXOTO, R. ELEMENTOS DE GEOMETRIA ANALÍTICA – SEGUNDA PARTE.Rio de Janeiro; Oscar Mano &Cia, 1938

Capa do livro *Lições de Álgebra Elementar,* A. Serrão

Fonte: SERRÃO, A. Lições de Álgebra Elementar. Rio de Janeiro: J. R. de Oliveira & C., 1938

Capa do livro *Pontos de Álgebra Complementar (Teoria das equações)*, Haroldo Lisboa da Cunha

Fonte: CUNHA, H. L. Pontos de Álgebra Complementar (Teoria das equações). Rio de Janeiro: Tipografia Alba, 1939

Capa do livro *Lições de Análise Algébrica*, de Alberto Nunes Serrão

Alberto Nunes Serrão

Professor-chefe da secção de Matemática do Colégio Universitário da Universidade do Brasil. Engenheiro civil e geógrafo pela Escola Nacional de Engenharia. Docente-livre da Cadeira de Cálculo Infinitesimal, Geometria Analitica e Noções de Nomografia da Escola Nacional de Engenharia. Ex-professor de Matemática do curso complementar do Colégio Pedro II, do Instituto de Educação do Estado do Rio de Janeiro, etc.

LIÇÕES

DE

ANÁLISE ALGÉBRICA

Para os Cursos Pré-Técnicos

Ignês Lopes Figueiredo

EDIÇÕES P. ALEGRE GLOBO

Pelotas, 1-9-1940.

Edição da Livraria do Globo

Pôrto Alegre

Fonte: SERRÃO, A. N. Lições de Análise Algébrica. Porto Alegre: Livraria do Globo, 1940

Capa do livro *Geometria Analítica* – II parte, de Mello e Souza

Fonte: SOUZA, J. C. M. Geometria Analítica – II parte. 2. ed. Rio de Janeiro: Livraria Francisco Alves, 1940

Capa do livro *Apontamentos de Geometria Analítica*, cadetes Sergio A. Ribeiro Freire e Marcello Menna Barreto

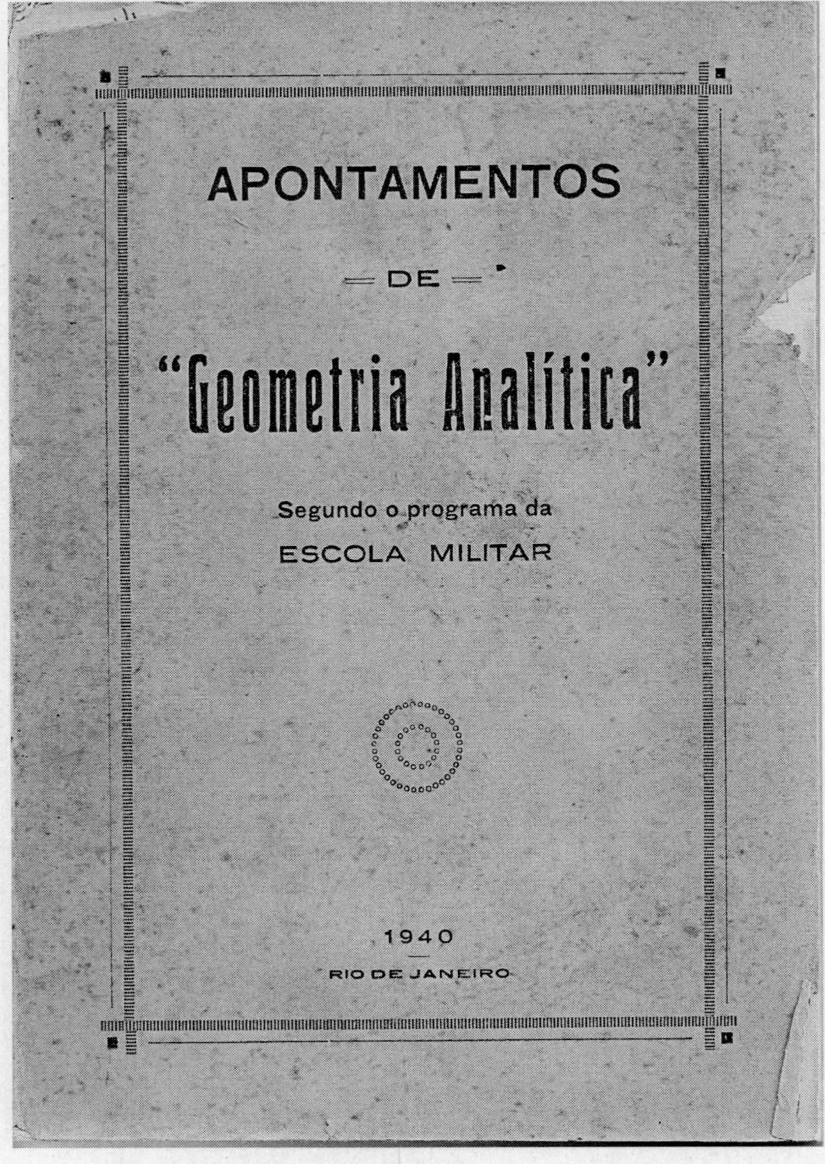

APONTAMENTOS

DE

"Geometria Analítica"

Segundo o programa da

ESCOLA MILITAR

1940

RIO DE JANEIRO

Fonte: BARRETO, M. M.; FREIRE. A. R. S. Apontamentos de Geometria Analítica. Rio de Janeiro, 1940

Capa do livro *Problemas de Geometria Analítica*, de Roberto José Fontes Peixoto

ROBERTO JOSÉ FONTES PEIXOTO

Problemas de

Geometria

Analítica

Segunda Parte. Geometria de tres dimensões

de acordo com os programas do exame vestibular da Escola Politécnica
e dos cursos complementares.

EDITORA MINERVA LTDA.
RIO

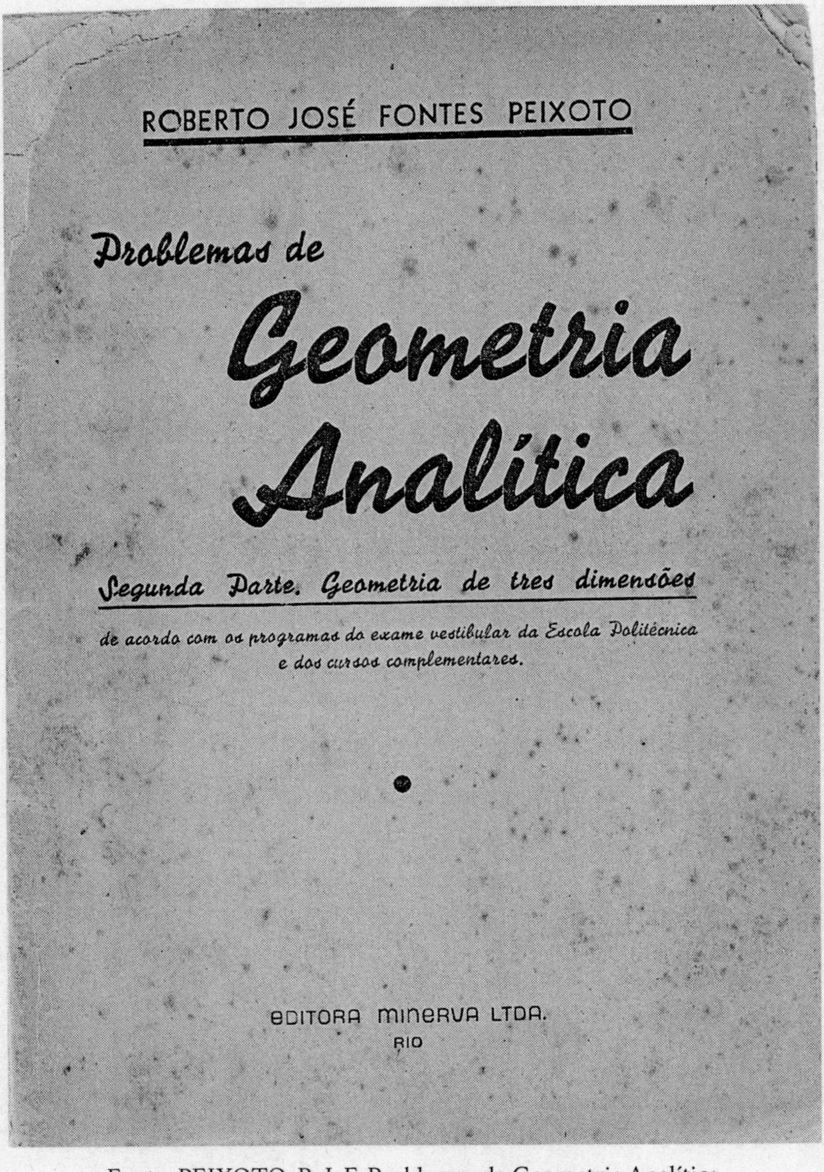

Fonte: PEIXOTO, R. J. F. Problemas de Geometria Analítica.
Rio de Janeiro: Editora Minerva Ltda, 1942

Capa do livro *Lições de Trigonometria Retilínea e de Cálculo Vetorial*, de Alberto Nunes Serrão

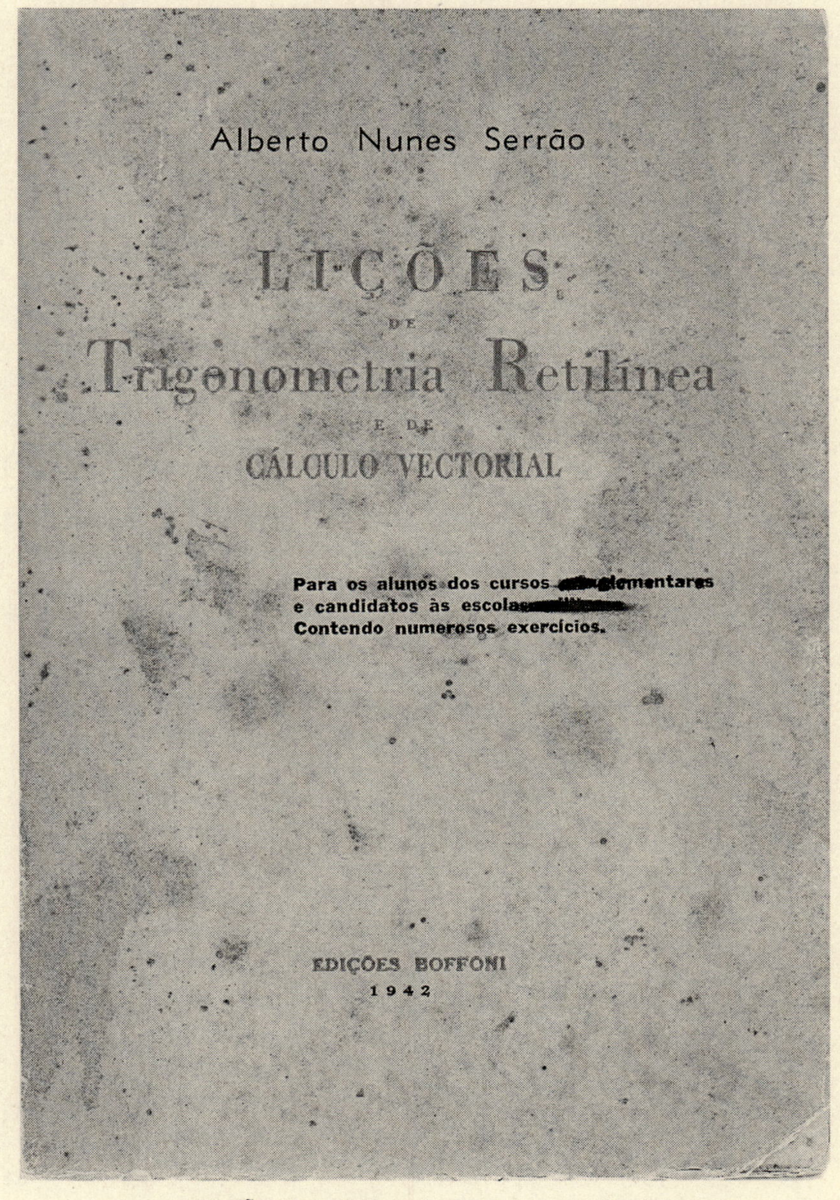

Fonte: SERRÃO, A. N. Lições de Trigonometria Retilínea e de Cálculo Vetorial. Rio de Janeiro: Edições Boffoni, 1942

Capa do livro *Exercícios de Vetores*, de F. A. Lacaz Netto

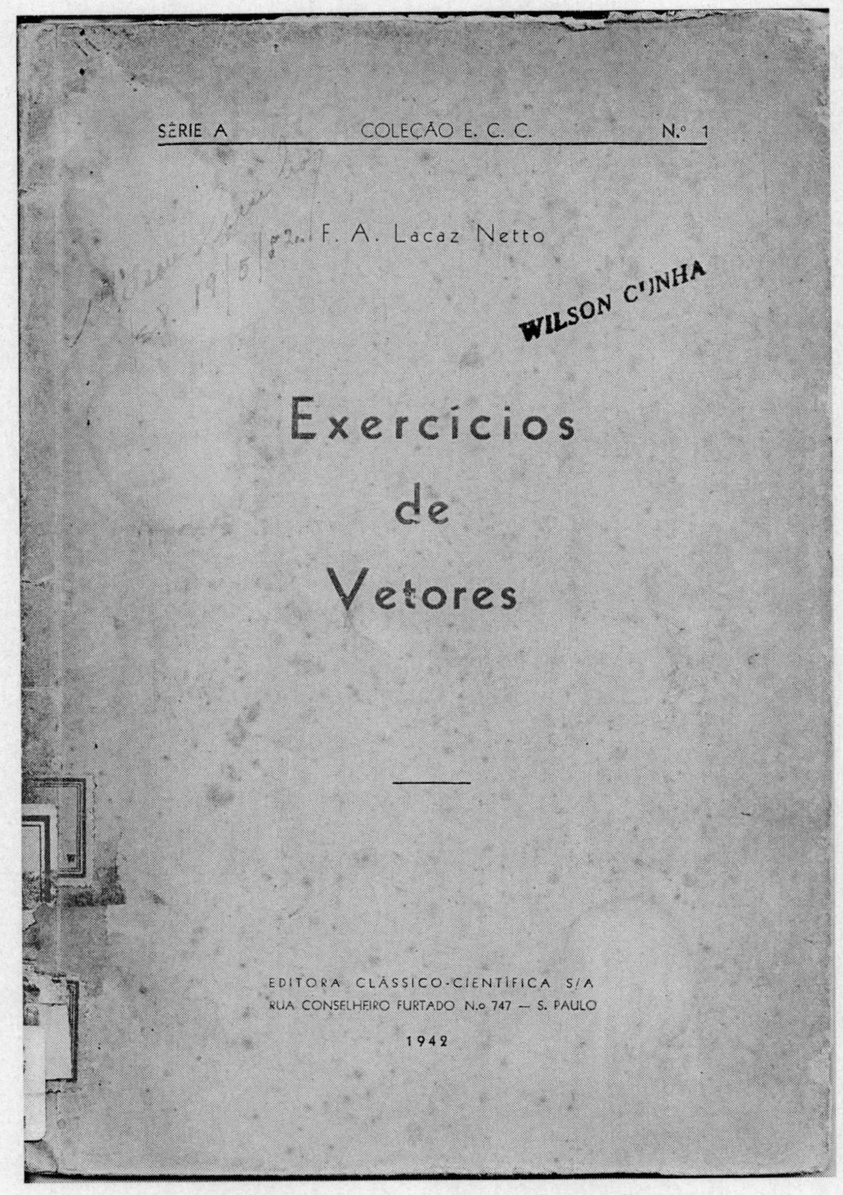

Fonte: NETTO, F. A. L. Exercícios de Vetores. São Paulo; Editora Clássico-Científica S/A, 1942

Capa do livro *Elementos de Cálculo Vetorial*, de Roberto José Fontes Peixoto

ROBERTO PEIXOTO

DO INSTITUTO DE EDUCAÇÃO

Elementos de

Calculo Vetorial

De acordo com os programas dos Cursos Complementares

3.ª EDIÇÃO

1943

EDITORA MINERVA, LTDA.

Rua do Ouvidor N.º 145 — Rio de Janeiro

Fonte: PEIXOTO, R. J. F. Elementos de Cálculo Vetorial. 3. ed. Rio de Janeiro: Editora Minerva Ltda, 1943

Capa do livro *Elementos de Geometria Analítica*, de Sérgio Sonnino

EDITORA CLASSICO CIENTIFICA

Elementos
de
Geometria Analítica

SONNINO

SÃO PAULO, 1944

Fonte: SONNINO, S. Elementos de Geometria Analítica.
São Paulo: Editora Clássico- Científica, 1944

Os títulos destes livros nos sugerem que os conteúdos matemáticos abordados estariam de acordo com os programas de Matemática exigidos nos exames de admissão dos cursos superiores.

Assim é que a análise dos programas para os Cursos Complementares nos mostra blocos de conteúdos a serem ministrados isoladamente, como podemos observar:

- Aritmética Teórica: números irracionais; noções de cálculo numérico, valor exato e aproximado; erro absoluto e relativo; operações efetuadas com uma dada aproximação, aplicações; noções de cálculo instrumental, régua de cálculo, seu emprego e máquinas de calcular.
- Álgebra: cálculo numérico das raízes de equações algébricas ou transcendentes, métodos clássicos de aproximação, máximos e mínimos; estudo da variação de uma função, representação cartesiana; funções de uma variável real, teorema de Weierstrass; teoria dos logaritmos; prática do sistema decimal; análise combinatória, teoria e aplicações; funções contínuas, noções de continuidade uniforme, propriedades fundamentais, operações sobre funções contínuas; diferença finita, derivada diferencial, definições, notações e interpretação geométrica; cálculo das derivadas e das diferenciais, aplicação às funções elementares; equações diferenciais, ordinárias e de derivadas parciais, sua formação; equações diferenciais ordinárias lineares de coeficientes constantes; diferenças, derivadas e diferenciais sucessivos, aplicação às funções elementares; homogeneidade das fórmulas, sistemas de unidades, unidades derivadas, equações de dimensão; teorema de Rolle, fórmulas dos acréscimos finitos e de Cauchy; fórmulas de Taylor e Maclaurin, aplicação ao cálculo numérico aproximado, expressão de Lagrange; interpolação, diferenças finitas sucessivas, fórmulas de Newton, fórmulas de interpolação de Lagrange, aplicação da fórmula de Taylor à interpolação, cálculo da função interpolatriz no caso dos fenômenos periódicos, aplicação à fórmula de Fourier, extrapolação; desenvolvimento em série, séries de potência, aplicação às funções elementares; funções elementares; funções primitivas, aplicações elementares; limites máximos e mínimos, extremos superior e inferior; limites; número e limite de U, tipo 1 x infinito; formas indeterminadas, regra de l Hopital, comparação das funções

exponenciais e logarítmicas com os polinômios; determinantes, teoria, aplicações, formas lineares, equações lineares; frações contínuas, aplicação à representação dos números irracionais, frações contínuas periódicas; séries numéricas; principais caracteres de convergência; operações sobre séries, cálculo numérico; números complexos, operações; expoente imaginário, representações trigonométricas e exponenciais; representações algébricas das linhas e das superfícies, feixe de linhas e das superfícies, logaritmos e linhas trigonométricas de números complexos, aplicações às operações vetoriais no espaço; conjuntos lineares, noções, teorema de Bolzano-Weierstrass; indagação das raízes numéricas das equações com uma aproximação dada, métodos usuais, processos gráficos; integrais definidas e indefinidas, integrais imediatas, integração por partes e por substituição; principais tipos integráveis, por quadraturas, de equações diferenciais ordinárias de primeira ordem; noções de cálculo de probabilidade e teoria dos erros; noções de estatística, suas aplicações à Biologia e à Medicina; propriedades gerais dos polinômios; princípio fundamental da teoria das equações; composição das equações; cálculo das raízes comuns de duas equações; teoria das raízes iguais, eliminação; separação das raízes reais; limites das raízes de uma equação; teoria das funções simétricas; cálculo das raízes imaginárias.

- Álgebra Vetorial: escalares e vetores; movimento e força, velocidade e aceleração, composição de forças de equilíbrio, movimento retilíneo e curvilíneo; composição de translações e rotações.

- Geometria: teoria da linha reta no plano, problemas; transformação de coordenadas no plano; transformação de coordenadas no espaço de três dimensões; esfera, superfícies do segundo grau, suas equações reduzidas; circunferência, equação retilínea e polar; elipse, equação retilínea e polar; hipérbole, equação retilínea e polar; parábola, equação retilínea e polar; propriedades gerais das cônicas; relações métricas nos polígonos, no círculo, nos poliedros e nos corpos redondos; transformação de figuras, homotetia e semelhança; quadratura e cubatura; relação harmônica, homografia, involução; pólos e polares; estudo das curvas definidas por equação de duas variáveis resolvidas em relação a uma delas, tangentes e normais, assíntotas, concavidade; máxima e mínima, pontos de inflexão e pontos notáveis.

- Geometria Analítica: concepção de Descartes, sistemas de coordenadas, no plano e no espaço de três dimensões, coordenadas retilíneas e polares; teoria da linha reta no plano; teoria da linha reta e do plano, problemas; esfera; coordenadas retilíneas e polares no plano; transformação de coordenadas no plano; transformação de coordenadas no espaço de três dimensões; lugares geométricos no plano, problemas; equações retilíneas e polares da circunferência, elipse, hipérbole e parábola; superfícies de segundo grau, equações simplificadas; representação geométrica das equações de duas e de três variáveis.
- Trigonometria: resolução de triângulos; linhas trigonométricas, número, operações com linhas trigonométricas.

Notamos também o período de transição, quando livros didáticos que seguem os programas de Matemática estipulados oficialmente pela Reforma Francisco Campos (1931-1942) aparecem após terem sido oficializados novos programas de Matemática, agora para os Cursos Clássico e Científico, Reforma Gustavo Capanema (1942-1961). Estes livros são de Roberto Peixoto, *Elementos de Cálculo Vetorial*, editado em 1943, e de Sonnino, *Elementos de Geometria Analítica*, editado em 1944.

Os livros didáticos para os Cursos Clássico e Científico

O panorama educacional em que os livros didáticos editados para atender aos programas de Matemática, expedidos em 1943, para os Cursos Clássico e Científico, representou um período de transição importante na educação e no livro didático, segundo Samuel Pfromm Neto, em sua obra intitulada *O Livro na Educação*, editada em 1974.

Os anos de 1930 a 1950 foram marcados por reformas educacionais, renovação de ideias e procedimentos e mais especificamente para os livros didáticos de Matemática, pelo surgimento de livros didáticos com padrões inovadores:

> Época de reformas educacionais, da consolidação da impressão de textos escolares no Brasil, na renovação de ideias e

> procedimentos, é marcada, no domínio da literatura escolar de Matemática, pelo aparecimento de várias obras que além de corresponderem às modificações de currículos e programas, representam progresso considerável sobre o padrão do livro didático vigente até a primeira guerra mundial. Obras realmente inovadoras, que atestam a mudança nos padrões dos livros escolares. (NETO, 1974, p. 79).

Alguns autores de livros didáticos de Matemática, cuja finalidade era atender aos programas dos Cursos Complementares, se unem e começam a elaborar livros de Matemática com o objetivo de atender aos programas dos Cursos Clássico e Científico. Dentre eles estão: Euclides Roxo, Haroldo Cunha, Roberto Peixoto e César Dacorso Neto.

De acordo com Neto (1974), Euclides Roxo era um dos autores de livros didáticos de Matemática que apresentava no conteúdo de seus livros uma série de inovações como: grande quantidade de ilustrações, documentos importantes na história das matemáticas e a distribuição dos diversos assuntos em capítulos.

Da união de Euclides Roxo, Haroldo Cunha, Roberto Peixoto e César Dacorso Netto, foi elaborada a coleção intitulada *Matemática 2º Ciclo*, composta de três volumes: primeira, segunda e terceira série. Esses livros tinham como objetivo atender aos programas dos Cursos Clássico e Científico, expedidos em 1943.

Apresentavam uma nova organização dos conteúdos, unindo num mesmo volume toda a matéria que deveria ser dada, por série, aos alunos dos Cursos Clássico e Científico. No primeiro volume dedicado aos alunos da primeira série dos Cursos Clássico e Científico, encontramos a Aritmética Teórica, assinada por César Dacorso Netto, a Álgebra, por Haroldo Lisboa da Cunha, e a Geometria, por Euclides Roxo.

No segundo volume, dedicado aos alunos da segunda série dos Cursos Clássico e Científico, encontramos a Álgebra, assinada por Haroldo Lisboa da Cunha, a Geometria, por Euclides Roxo, e a Trigonometria, por Roberto Peixoto.

No terceiro volume, dedicado aos alunos da terceira série dos Cursos Clássico e Científico, encontramos a Álgebra, assinada por Haroldo Lisboa da Cunha, a Geometria, por Euclides Roxo, e a Geometria Analítica, por Roberto Peixoto. Apresentaremos a seguir as capas e contra capas desses livros.

Contracapa do livro *Matemática 2º Ciclo – 1ª Série*, de Euclides Roxo, Roberto Peixoto, Haroldo Cunha e Dacorso Netto

Euclides Roxo
Haroldo Lisbôa da Cunha
(do Colégio Pedro II)

Roberto Peixoto
Cesar Dacorso Netto
(do Instituto de Educação)

MATEMÁTICA

2.º CICLO

1ª SÉRIE

2.ª EDIÇÃO

LIVRARIA FRANCISCO ALVES
166, Rua do Ouvidor, 166 — Rio de Janeiro
S. PAULO
292, Rua Líbero Badaró
BELO HORIZONTE
Rua Rio de Janeiro, 655
1945

Fonte: ROXO, E.; PEIXOTO, R.; CUNHA, H.; NETTO, D. Matemática 2º ciclo – 1ª série. 2. ed. Rio de Janeiro: Livraria Francisco Alves, 1945

Contracapa do livro *Matemática 2º Ciclo – 2ª* Série, de Euclides Roxo, Roberto Peixoto, Haroldo Cunha e Dacorso Netto

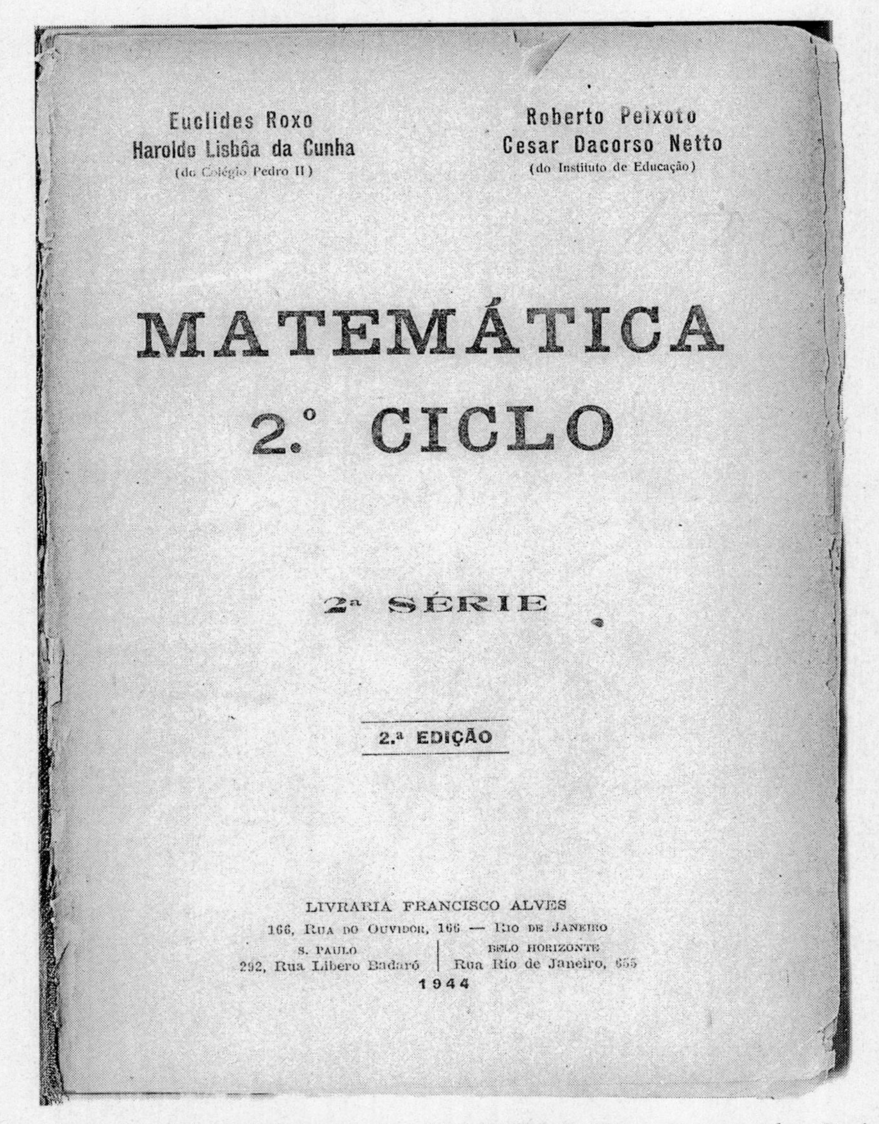

Euclides Roxo
Haroldo Lisbôa da Cunha
(do Colégio Pedro II)

Roberto Peixoto
Cesar Dacorso Netto
(do Instituto de Educação)

MATEMÁTICA

2.º CICLO

2ª SÉRIE

2.ª EDIÇÃO

LIVRARIA FRANCISCO ALVES
166, Rua do Ouvidor, 166 — Rio de Janeiro
S. PAULO
292, Rua Libero Badaró
BELO HORIZONTE
Rua Rio de Janeiro, 655
1944

Fonte: ROXO, E.; PEIXOTO, R.; CUNHA, H.; NETTO, D. Matemática 2º ciclo – 2ª série. 2. ed. Rio de Janeiro: Livraria Francisco Alves, 1944

Contracapa do livro *Matemática 2º Ciclo – 3ª* Série, de Euclides Roxo, Roberto Peixoto, Haroldo Cunha e Dacorso Netto

Euclides Roxo
Haroldo Lisbôa da Cunha
(do Colégio Pedro II)

Roberto Peixoto
Cesar Dacorso Netto
(do Instituto de Educação)

MATEMÁTICA
2.º CICLO

3ª SÉRIE

LIVRARIA FRANCISCO ALVES
166, Rua do Ouvidor, 166 — Rio de Janeiro
S. Paulo
292, Rua Libero Badaró
Belo Horizonte
Rua Rio de Janeiro, 655
1944

Fonte: ROXO, E.; PEIXOTO, R.; CUNHA, H.; NETTO, D. Matemática 2º ciclo – 3ª série. Rio de Janeiro: Livraria Francisco Alves, 1944

Podemos observar que a análise dos programas para os Cursos Clássico e Científico nos mostra a preocupação com a padronização dos conteúdos a serem estudados e a relação entre os conteúdos, formando unidades didáticas. Isto com certeza, influenciou a elaboração das obras aqui citadas.

Notamos, também, que a edição da coleção anteriormente citada, *Matemática 2º Ciclo*, foi do ano de 1944, para a segunda e terceira séries, dos Cursos Clássico e Cientifico, o mesmo ano da edição dos livros que obedeciam aos programas dos Cursos Complementares, a saber: *Elementos de Geometria Analítica*, de Roberto Peixoto, e *Elementos de Cálculo Vetorial*, de Soninno.

A convivência desses livros, que obedeciam à Reforma Francisco Campos e outros que obedeciam à Reforma Gustavo Capanema, reforça a ideia de caracterização de um período de transição, em que a disciplina passa por modificações na estrutura do ensino, nos conteúdos e na suas abordagens.

Nesse período, segundo Chervel, o pesquisador encontra livros do antigo programa, nesta pesquisa, programa de Matemática para os Cursos Complementares da

Reforma Francisco Campos e outros livros didáticos, que aderiram ao novo programa.

Neste estudo, o novo programa é o referente aos programas de Matemática estipulados pela Reforma Gustavo Capanema, para os Cursos Clássico e Científico. Na coleção *Matemática 2º Ciclo*, dos quatro autores citados anteriormente, notamos que todos publicaram livros sozinhos na Reforma Francisco Campos e, para atender aos novos programas de Matemática da Reforma Capanema, se uniram na publicação da coleção citada.

Estudaremos, no próximo capítulo, a organização dos ensinos de Matemática nos livros didáticos, das Reformas Francisco Campos e Gustavo Capanema, com o objetivo de verificar se houve mudanças em seus conteúdos, forma de apresentação de teorias e de posicionamento, características de exemplos e exercícios, referentes às teorias desenvolvidas.

CAPÍTULO 5

A TRANSFORMAÇÃO DOS ENSINOS DE MATEMÁTICA A PARTIR DOS LIVROS DIDÁTICOS: DOS CURSOS COMPLEMENTARES AOS CURSOS CLÁSSICO E CIENTÍFICO

A organização dos ensinos de Matemática, nos livros didáticos, será analisada a partir da observação de prefácios, índices, metodologia, elaboração de exemplos, exercícios e recursos utilizados pelos autores, para o desenvolvimento dos conceitos matemáticos, visando à investigação das mudanças ocorridas nos programas de Matemática, dos Cursos Complementares aos Cursos Clássico e Científico.

O conhecimento dessas mudanças pode levar-nos a identificar o processo de disciplinarização da Matemática, para o segundo ciclo do ensino secundário, chamado de Curso Complementar, na Reforma Francisco Campos, e Curso Colegial (Clássico e Científico), na Reforma Gustavo Capanema.

Este estudo será feito para os ensinos de Geometria Analítica, Trigonometria e Cálculo Vetorial, Álgebra e Aritmética Teórica. Esta divisão foi realizada a partir da observação dos programas oficiais de Matemática para os Cursos Complementares e Cursos Clássico e Científico.

Os ensinos de Geometria Analítica

Iniciamos o estudo da organização dos ensinos de Matemática, analisando primeiramente os prefácios dos livros dos Cursos Complementares e dos Cursos Clássico e Científico, procurando identificar as finalidades a que os autores se propuseram. Estudando os ensinos em relação às finalidades as quais são designados e os resultados concretos que produziram, conseguiremos visualizar a estrutura interna da disciplina e sua configuração original, segundo ensinamentos de Chervel.

As finalidades dos ensinos de Geometria Analítica nos Cursos Complementares e nos Cursos Clássico e Científico

No livro *Apontamentos de Geometria Analítica*, segundo o programa da Escola Militar, de 1940, compilados por cadetes, é explicado que o livro foi compilado por alunos, cadetes, com a permissão de seu professor, um major da Escola Militar, a partir das anotações feitas em suas aulas. Esse livro serviria, exclusivamente, aos cadetes da Escola Militar.

No livro *Elementos de Geometria Analítica*, de Sérgio Sonnino (1944), São Paulo, em seu prefácio, o autor explica que a intenção da execução da obra era a de ajudar os alunos com exercícios de fácil e imediata resolução, deixando a cargo dos professores o auxílio aos alunos, naqueles exercícios mais difíceis.

Reforçando a ideia de matérias agrupadas, vamos encontrar, ainda nesse livro, em sua bibliografia, a referência a diversos autores: Berzolari, *Geometria Analítica*; Bianchi, *Lezioni di Geometria Analítica*; Salmon, *A Treatise on conic Sections*; Bisconcini, *Esercizi teorici di Geometria Analítica*; Wentworth, *Elements of Analytic Geometry*; Charles Smith, *Treatise of Analytic Geometry*; Castelmuovo, *Lezioni di Geometria Analítica*; Neuberg, *Geometrie Analytique*; Niewenglowski, *Geometrie Analytique*; Agostinho Bartolotti, *Esercizi di Geometria Analítica*; Terracini, *Lezioni di Geometria Analítica e Progettiva* (SONNINO, 1944, p. 203).

Encontramos, no livro *Matemática 2º Ciclo – 1ª Série*, de 1945, o prefácio, agora intitulado "Advertência", em que o autor especifica que visa aos alunos dos Cursos Científico e Clássico, ou seja, o Curso Colegial em sua totalidade, e não mais somente um dos ramos, como no caso anterior, e enfatiza que os tópicos abordados procuram compor uma unidade didática, mostrando a preocupação com a nova abordagem desses conteúdos, como uma disciplina em que os diferentes tópicos estudados possuem uma unidade didática e não mais como cursos à parte, visando a um determinado Curso Superior:

> ADVERTÊNCIA
>
> Com o presente volume, inicia-se a série MATEMÁTICA - 2° CICLO, destinada aos alunos dos *Cursos científico e clássico.* A matéria não ficou adstrita, entretanto, aos títulos e sub- títulos dos atuais programas.

> Procuraram os autores sugerir alguns complementos e aplicações, sem se afastar, contudo, dos assuntos dos programas e sem quebrar a harmonia do conjunto.
>
> Tais desenvolvimentos, apresentados, em geral, em tipo menor, permitirão certa liberdade quanto à extensão a dar ao curso, de acordo com a reação oferecida pelo aluno.
>
> Cumpre observar, ainda, que as notas, que ilustram algumas passagens e completam outras, tiveram, em sua maioria, a dupla finalidade de ampliar os conhecimentos do aluno e de incitar-lhe a curiosidade pela matéria.
>
> Finalmente, deverá ser frisado que os atuais programas do 2° Ciclo são compostos de partes nitidamente distintas que compreendem: *Aritmética teórica, Álgebra elementar e complementar* (incluída a teoria das equações), *Geometria Elementar, Trigonometria, Álgebra vetorial e Geometria analítica.* Por isso, com o fim de manter, na exposição de cada um desses ramos, a indispensável unidade didática, julgaram os autores, do melhor alvitre, dividir a tarefa tal como é indicado em cada uma das partes. (ROXO; PEIXOTO; CUNHA; NETTO, 1945, p. 5).

A organização dos conteúdos de Geometria Analítica

Quanto aos conteúdos, para a Geometria Analítica, podemos notar, observando o índice dos livros já citados, que naqueles utilizados para os Cursos Complementares, há tópicos isolados, escolhidos de acordo com os exames a que se destinavam e alguns deles referendados por diversos autores, podendo ser indício de que o livro foi elaborado a partir de partes de outros livros.

Temos como exemplos os índices dos livros dedicados à Geometria Analítica.

No livro *Matemática 2º Ciclo – 3ª Série*, 1944, para os Cursos Clássico e Científico, encontraremos a Geometria Analítica, posta no último capítulo do livro com o título: Primeira parte – Álgebra , segunda parte – Geometria e terceira parte – Geometria Analítica.

No índice desse livro, para a Geometria Analítica, observamos a mudança na terminologia adotada para a estrutura dos conteúdos, antes separados em capítulos e agora intitulados unidades.

Neste ponto podemos concluir que há indícios de que os conteúdos matemáticos estudados nos Cursos Complementares constituíam-se em cursos separados e visavam atender as exigências dos cursos de admissão a faculdades específicas.

A comparação entre os programas oficiais de Matemática dos Cursos Complementares e os livros editados para esses cursos, aqui analisados, vem reforçar a ideia de que não havia uma padronização de conteúdos, mesmo entre os livros dedicados à mesma matéria.

Nos Cursos Clássico e Científico, os conteúdos eram dispostos de forma integrada e obedecendo a certa ordem didática e seriação. A comparação entre os conteúdos oficiais de Matemática e os livros didáticos dedicados a esses cursos vem reforçar a ideia de padronização dos conteúdos, que, segundo os ensinamentos de Chervel, indicará a formação de uma disciplina escolar.

A metodologia empregada para ensinar também foi sofrendo modificações ao longo dessa época. Na Reforma Francisco Campos, nos Cursos Complementares, o desenvolvimento da matéria era: definição, exemplo e fórmula geral e exercícios resolvidos. Por exemplo, no livro *Elementos de Geometria Analítica*, de Roberto Peixoto (1938, p. 30-31), no capítulo quatro, intitulado "Distância entre dois pontos dos quais se conhecem as coordenadas" (figura 5.1), temos o seguinte:

Distância entre dois pontos dos quais se conhecem as coordenadas

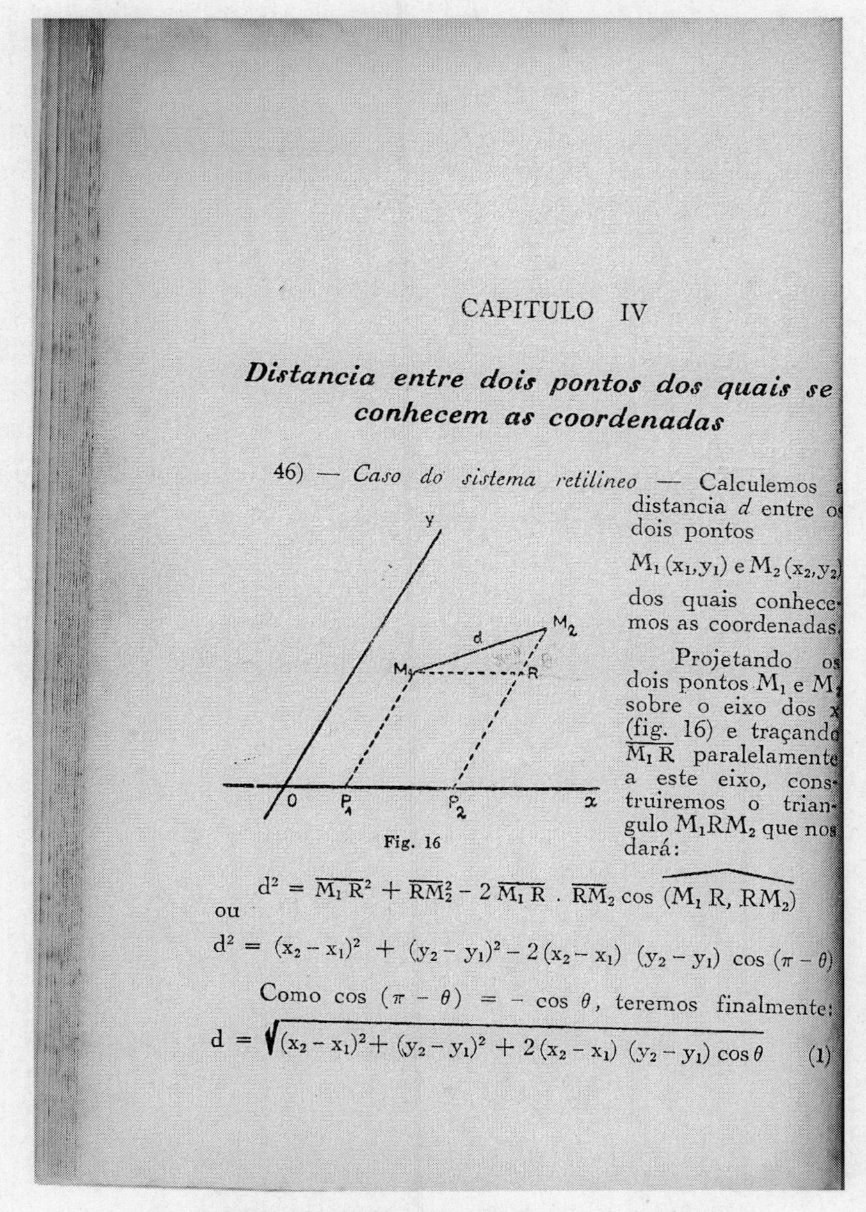

CAPITULO IV

Distancia entre dois pontos dos quais se conhecem as coordenadas

46) — *Caso do sistema retilineo* — Calculemos a distancia d entre os dois pontos

$M_1(x_1, y_1)$ e $M_2(x_2, y_2)$

dos quais conhecemos as coordenadas.

Projetando os dois pontos M_1 e M_2 sobre o eixo dos x (fig. 16) e traçando $\overline{M_1R}$ paralelamente a este eixo, construiremos o triangulo M_1RM_2 que nos dará:

Fig. 16

$$d^2 = \overline{M_1R}^2 + \overline{RM}_2^2 - 2\,\overline{M_1R}\,.\,\overline{RM}_2 \cos \widehat{(M_1R, RM_2)}$$

ou

$$d^2 = (x_2 - x_1)^2 + (y_2 - y_1)^2 - 2(x_2 - x_1)(y_2 - y_1)\cos(\pi - \theta)$$

Como $\cos(\pi - \theta) = -\cos\theta$, teremos finalmente:

$$d = \sqrt{(x_2 - x_1)^2 + (y_2 - y_1)^2 + 2(x_2 - x_1)(y_2 - y_1)\cos\theta} \qquad (1)$$

Fonte: PEIXOTO, R. Elementos de Geometria Analítica.
PEIXOTO, R. Rio de Janeiro; Orcar Mano & Cia, 1938

Distância de um ponto à origem

Quando os eixos são retangulares $\theta = \frac{\pi}{2}$ $\therefore$ $\cos \theta = 0$, e, o valor de *d* ficará:

$$d = \sqrt{(x_2 - x_1)^2 + (y_2 - y_1)^2}$$

47) — *Distancia de um ponto á origem.*

A distancia de um ponto M_1 (x_1, y_1) á origem, será dada pela fórmula (1) nela se fazendo $x_2 = y_2 = 0$; obteremos:

$$d = \sqrt{x_1^2 + y_1^2 + 2\, x_1\, y_1 \cos \theta}$$

e no caso dos eixos serem retangulares:

$$d = \sqrt{x_1^2 + y_1^2}$$

48) — *Observação:* — A fórmula (1) póde ser deduzida com o auxilio dos parametros diretores da reta que passa pelos pontos M_1 e M_2. Com efeito, vimos anteriormente (45):

$$x_2 = x_1 + \lambda\, d$$

$$y_2 = y_1 + \mu\, d$$

de onde tiramos:

$$\lambda = \frac{x_2 - x_1}{d}$$

$$\mu = \frac{y_2 - y_1}{d}$$

Substituindo estes valores na expressão que liga

Fonte: PEIXOTO, R. Elementos de Geometria Analítica. PEIXOTO, R. Rio de Janeiro; Orcar Mano & Cia, 1938

Não há, até esta fase, nenhum exercício para o aluno resolver.

Encontramos também no livro de Roberto José Fontes Peixoto (1942), intitulado *Problemas de Geometria Analítica*, exercícios resolvidos. Todo o livro é composto apenas de exercícios resolvidos.

Quando analisamos o mesmo tópico, *Distância de dois pontos,* no livro *Matemática do 2º Ciclo – 3ª* Série, de Euclides Roxo, Roberto Peixoto, Haroldo Cunha e Dacorso Netto, de 1944, notamos que o desenvolvimento do conteúdo sofreu modificações: o gráfico que serve de apoio já está com os eixos x e y ortogonais entre si; a teoria é iniciada com o cálculo da distância de dois pontos: as fórmulas são mais enxutas; a distância da origem a um ponto é dada como caso particular ; exercícios resolvidos e exercícios a resolver.

Distância de dois pontos. Ponto que divide um segmento numa razão dada

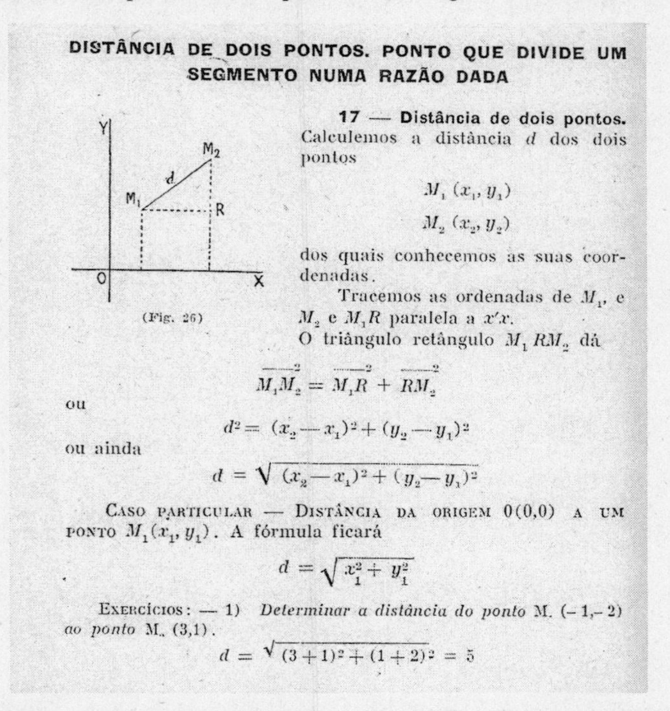

DISTÂNCIA DE DOIS PONTOS. PONTO QUE DIVIDE UM SEGMENTO NUMA RAZÃO DADA

(Fig. 26)

17 — Distância de dois pontos. Calculemos a distância d dos dois pontos

$$M_1\,(x_1, y_1)$$

$$M_2\,(x_2, y_2)$$

dos quais conhecemos as suas coordenadas.

Tracemos as ordenadas de M_1, e M_2 e M_1R paralela a $x'x$.

O triângulo retângulo $M_1\,RM_2$ dá

$$\overline{M_1M_2}^2 = \overline{M_1R}^2 + \overline{RM_2}^2$$

ou

$$d^2 = (x_2 - x_1)^2 + (y_2 - y_1)^2$$

ou ainda

$$d = \sqrt{(x_2 - x_1)^2 + (y_2 - y_1)^2}$$

Caso particular — Distância da origem 0(0,0) a um ponto $M_1(x_1, y_1)$. A fórmula ficará

$$d = \sqrt{x_1^2 + y_1^2}$$

Exercícios: — 1) *Determinar a distância do ponto* M. (– 1,– 2) *ao ponto* M.. (3,1).

$$d = \sqrt{(3+1)^2 + (1+2)^2} = 5$$

Fonte: ROXO, E.; PEIXOTO, R.; CUNHA, H.; NETTO D. Matemática 2º ciclo – 3ª série. Rio de Janeiro: Livraria Francisco Alves, 1944

A partir daí, o autor dá a fórmula da distância d com a extração da raiz quadrada e o caso particular da fórmula quando da origem a um ponto. Logo em seguida, exercícios resolvidos e exercícios a resolver:

Exercícios:

1. Determinar a distância do ponto A (-1,1) ao ponto B (11,6).
2. Determinar a distância da origem ao ponto A (7,3).
3. Calcular o perímetro do triângulo cujos vértices são A (2,0), B (1,5) e C (-1,2). (ROXO; PEIXOTO; CUNHA; NETTO, p. 486, 1944).

Podemos concluir que a Geometria Analítica passou de curso preparatório à determinada faculdade para conteúdo integrante de um conjunto de tópicos que começaram a ser chamados Matemática; a organização e metodologia utilizada visavam à seriação escolar e os livros passaram a ser para os Cursos Clássico e Científico e não mais para o Curso Complementar Pré-Médico ou Pré-Politécnico.

Os ensinos de Trigonometria

A organização dos ensinos de Trigonometria será efetuada da mesma forma que utilizada na Geometria Analítica, analisando primeiramente os prefácios dos livros dos Cursos Complementares e dos Cursos Clássico e Científico, procurando identificar as finalidades a que os autores se propuseram.

As finalidades dos ensinos de Trigonometria nos Cursos Complementares e nos Cursos Clássico e Científico

No livro de Miron Resnik (1936), *Curso de Trigonometria – Plana – Esférica – Complementos,* fica claro, ao observarmos o título, que se trata de um curso e não de uma disciplina e mais especificamente aos alunos dos cursos complementares e candidatos à outras escolas, o mesmo acontece com o livro de Alberto Nunes Serrão (1942), *Lições de Trigonometria Retilínea e de Cálculo Vetorial,* para os alunos dos cursos complementares e candidatos às escolas militares, contendo numerosos exercícios.

Na Reforma Gustavo Capanema, nos Cursos Colegiais (Clássico e Científico), encontramos a Trigonometria junto de Álgebra e a Geometria, no livro *Matemática 2º Ciclo – 2ª Série,* de Euclides Roxo, Haroldo Cunha, Roberto Peixoto e Dacorso Netto, de 1944. A Trigonometria, neste caso, não está sendo tratada como um curso, cujo conteúdo visa à determinada escola e sim como um conteúdo interrelacionado com outros tópicos.

No prefácio do livro de Miron Resnik, *Curso de Trigonometria – Plana – Esférica – Complementos,* podemos observar claramente o objetivo de sua elaboração, que é a de satisfazer os programas do ensino secundário.

A metodologia de ensino proposta com o ensino simultâneo de diversas disciplinas faz referência à constituição da disciplina escolar matemática por meio do conceito de função. Este processo de disciplinarização da Matemática aconteceu no Curso Fundamental, denominado Ginásio, na Reforma Gustavo Capanema.

No prefácio do livro de Alberto Nunes Serrão, o autor enfatiza que o livro é um curso de Trigonometria com noções de Cálculo Vetorial, faz menção aos exercícios e explica que há respostas ou indicações de como resolvê-los e finalmente que não há necessidade da leitura de alguns parágrafos, se o objetivo do leitor for somente Trigonometria.

Observando o prefácio do livro de Euclides Roxo, Haroldo Cunha, Roberto Peixoto e Dacorso Netto, intitulado *Matemática 2º Ciclo – 2ª Série,* de 1944, encontramos a menção aos alunos dos Cursos Clássico e Científico e a ênfase da unidade didática entre os capítulos.

A diferença entre eles é, sobretudo, nas finalidades. Os Cursos Complementares têm como objetivo exames de admissão a cursos específicos e são ensinados isoladamente. Os Cursos Clássico e Científico possuem esse conteúdo inserido num só livro, com outros conteúdos; normalmente são dedicados aos alunos desses cursos e não objetivam a admissão a cursos específicos.

A organização dos ensinos de Trigonometria nos Cursos Complementares e nos Cursos Clássico e Científico

A leitura e exposição dos itens que compõem o índice dos livros anteriormente citados vai nos mostrar que, de conteúdo isolado, a Trigonometria passou, como verificado no caso da Geometria Analítica, para um componente interrelacionado com outros conceitos matemáticos.

Analisando-se os dois índices dos livros *Curso de Trigonometria*, de Miron Resnik, e *Lições de Trigonometria Retilínea e de Cálculo Vetorial*, de Alberto Nunes Serrão, notamos que o segundo livro nos sugere um curso de Trigonometria e contém muito mais tópicos do que o primeiro livro, apesar de estarem em conformidade com os programas oficiais de Matemática dos Cursos Complementares. Isto mostra que, apesar de serem escritos para os cursos complementares, não contêm a mesma matéria com a mesma complexidade. São na realidade dois cursos de Trigonometria distintos.

Reportando-nos agora para o livro editado na Reforma Capanema, para os Cursos Clássico e Científico, *Matemática 2º Ciclo – 2ª* Série, de Euclides Roxo, Haroldo Cunha, Roberto Peixoto e Dacorso Netto, de 1944, encontramos o seguinte índice: primeira parte: Álgebra; segunda parte: Geometria; terceira parte: Trigonometria.

Observando somente a parte referente à Trigonometria, notamos a integração da Trigonometria à Álgebra e à Geometria, e a sua disposição, no final do livro, pode indicar que seria necessário estudar primeiro os conceitos das matérias dos capítulos anteriores, para melhor entender os conceitos dados de Trigonometria.

Ficou evidente também que a complexidade da matéria exposta diminuiu sensivelmente e que tanto os alunos do Curso Clássico, quanto os do Científico, teriam contato com os mesmos conteúdos.

Passaremos, agora, para a observação da metodologia utilizada para a exposição dos conteúdos, nos livros de Trigonometria.

Iniciaremos escolhendo um assunto que está presente nos três livros anteriormente analisados, para efeito de comparação das metodologias utilizadas para o desenvolvimento de um mesmo tópico. Escolhemos o tópico relativo à resolução dos triângulos retângulos.

No livro de Miron Resnik (1936, p. 22) encontramos no capítulo quatro o assunto sobre Triângulos Retângulos sendo iniciado:

> Com o conhecimento das funções trigonométricas a solução dos problemas referentes à triângulos retângulos simplificou-se enormemente.
>
> Conhecendo-se dois elementos do triângulo retângulo, nós poderemos encontrar os outros, de modo que a solução dos triângulos retângulos fica reduzida a cinco casos distintos:
>
> 1.o) Dados dois catetos.

> 2.o) Dados um ângulo agudo e o seu lado adjacente.
>
> 3.o) Dados um ângulo agudo e a hipotenusa.
>
> 4.o) Dados um ângulo agudo e o seu lado oposto.
>
> 5.o) Dados a hipotenusa e um cateto.
>
> Na solução de um triângulo devemos sempre encontrar os elementos desconhecidos operando somente com os elementos conhecidos, para evitar grandes erros. Exemplo: - Um aluno procura o valor numérico dum cateto e o da hipotenusa, encontra primeiramente o valor do cateto e para achar o valor da hipotenusa ele tem dois caminhos a seguir; no primeiro só entra com os elementos e no segundo, aplicando o teorema de Pitágoras, (o quadrado da hipotenusa é igual à soma dos quadrados dos catetos), entra com um elemento dado e com um elemento achado.
>
> Qual dos dois processos é preferível?
>
> O primeiro, às vezes, é mais fastioso, enquanto que o segundo aparentemente pode ser mais fácil. O primeiro caminho deve ser preferido porque pode acontecer que ao procurar-se o valor do cateto obtenhamos um valor numérico errado, e portanto fatalmente pelo segundo método não acharemos o verdadeiro valor da hipotenusa enquanto que pelo primeiro método podemos achar o valor correto da hipotenusa independentemente do valor errado do cateto.

Logo em seguida, o autor começa a explicação dos casos citados, utilizando-se de figuras dos triângulos, fórmulas de tangente e a resolução é feita somente com letras.

Figura 5.4 – Triângulos retângulos – primeiro caso

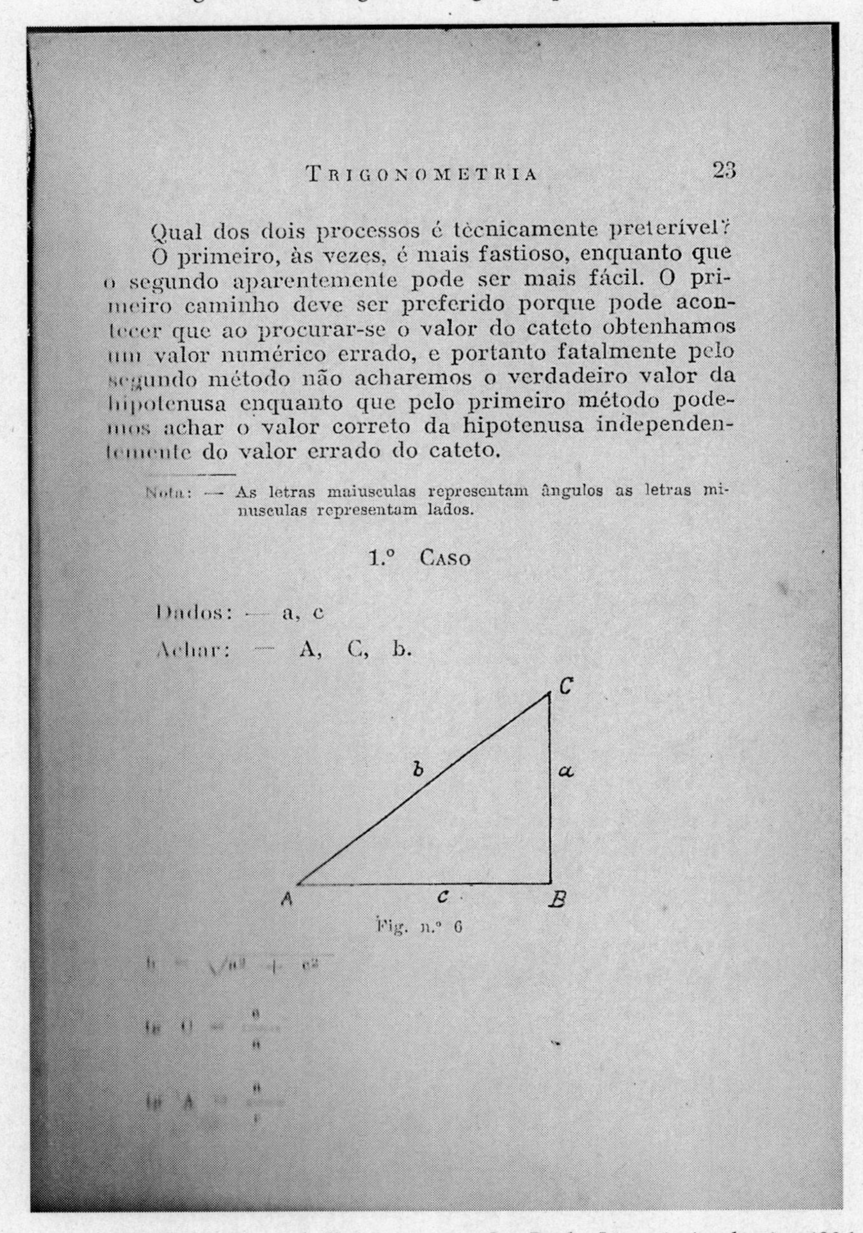

TRIGONOMETRIA 23

Qual dos dois processos é tècnicamente preferível?
O primeiro, às vezes, é mais fastioso, enquanto que o segundo aparentemente pode ser mais fácil. O primeiro caminho deve ser preferido porque pode acontecer que ao procurar-se o valor do cateto obtenhamos um valor numérico errado, e portanto fatalmente pelo segundo método não acharemos o verdadeiro valor da hipotenusa enquanto que pelo primeiro método podemos achar o valor correto da hipotenusa independentemente do valor errado do cateto.

Nota: — As letras maiusculas representam ângulos as letras minusculas representam lados.

1.º CASO

Dados: — a, c

Achar: — A, C, b.

Fig. n.º 6

$b = \sqrt{a^2 + c^2}$

tg C = [illegible]

tg A = [illegible]

Fonte: RESNIK, M. Curso de Trigonometria. São Paulo: Livraria Acadêmica, 1936

Ao final da explicação dos cinco casos, seguem-se exercícios numéricos resolvidos e logo após exercícios a resolver (de aplicação imediata).

Figura 5.5 – Triângulos retângulos – quinto caso

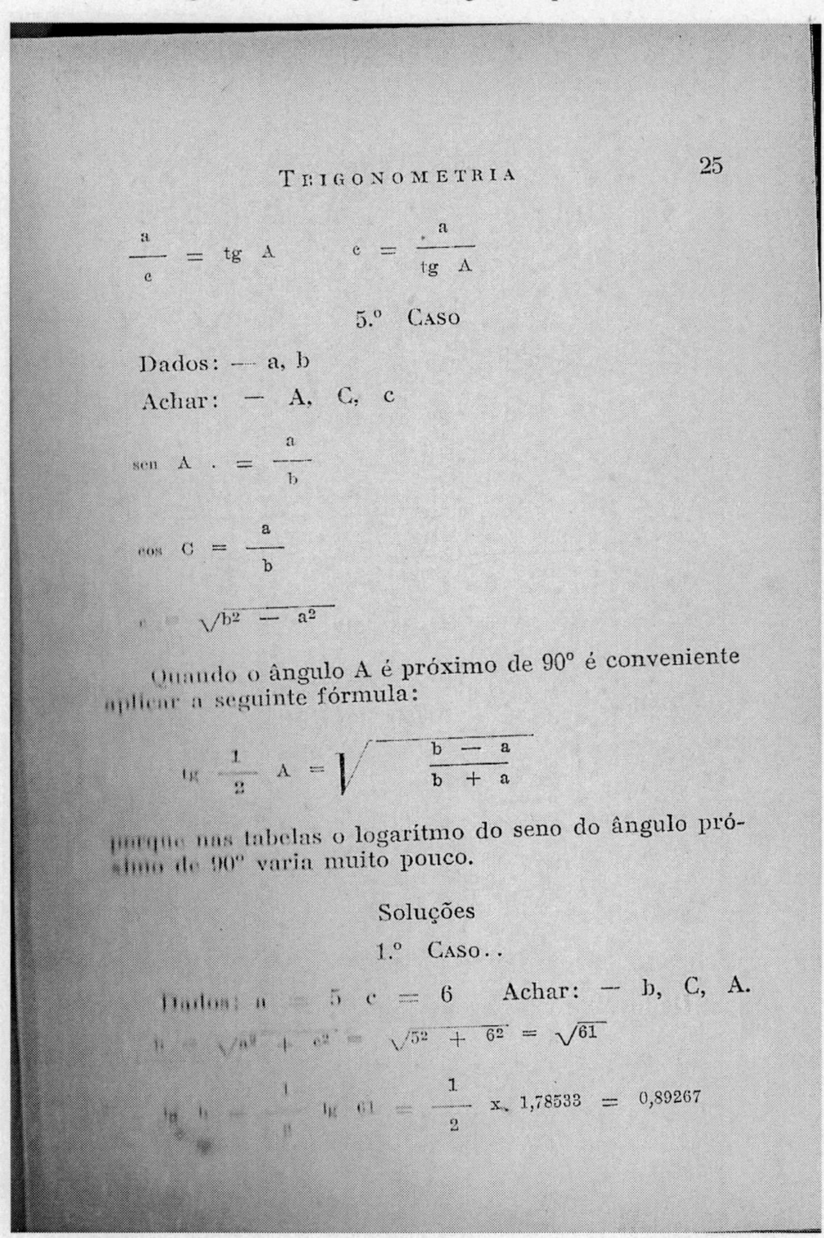

TRIGONOMETRIA 25

$$\frac{a}{c} = \text{tg } A \qquad c = \frac{a}{\text{tg } A}$$

5.º CASO

Dados: — a, b

Achar: — A, C, c

$$\text{sen } A = \frac{a}{b}$$

$$\cos C = \frac{a}{b}$$

$$c = \sqrt{b^2 - a^2}$$

Quando o ângulo A é próximo de 90° é conveniente aplicar a seguinte fórmula:

$$\text{tg } \frac{1}{2} A = \sqrt{\frac{b - a}{b + a}}$$

porque nas tabelas o logarítmo do seno do ângulo próximo de 90° varia muito pouco.

Soluções

1.º CASO..

Dados: $a = 5 \quad c = 6$ Achar: — b, C, A.

$$b = \sqrt{a^2 + c^2} = \sqrt{5^2 + 6^2} = \sqrt{61}$$

$$\lg b = \frac{1}{2} \lg 61 = \frac{1}{2} \times 1{,}78533 = 0{,}89267$$

Fonte: RESNIK, M. Curso de Trigonometria. São Paulo: Livraria Acadêmica, 1936

Exercícios para resolver sobre Triângulos Retângulos

26 M. RESNIK

b = 7,8104.

lg tg C = lg c + colog. a

$$\begin{aligned} \lg c &= 0.77815 \\ \text{colg } a &= \bar{1}.30103 \\ \hline \lg \text{tg } C &= 0.07918 \end{aligned}$$

C = 50° 11' 39"

lg tg A = lg. a + colog. c

$$\begin{aligned} \lg a &= 0.69897 \\ \text{colog } c &= \bar{1}.22185 \\ \hline \lg \text{tg } A &= \bar{1}.92082 \end{aligned}$$

A = 39° 48' 21"

Resolver os seguintes exercícios:

Dados: — a, c. Achar: — b, C, A.

1) a = 4 c = 6
2) a = 6 c = 12
3) a = 8 c = 24
4) a = 10 c = 48
5) a = 12 c = 96

2.° CASO

Dados: — A = 39° 48′ 21″ c = 6

Achar: — C, a, b

C = 90° — A = 90° — 39° 48' 21" = 50° 11' 39"

Fonte: RESNIK, M. Curso de Trigonometria. São Paulo: Livraria Acadêmica, 1936

No livro de Alberto Nunes Serrão (1942, p. 186), *Lições de Trigonometria Retilínea e de Cálculo Vetorial,* vamos encontrar no Capítulo 13 "Resolução de Triângulos Retângulos", o seguinte enunciado:

Resolução de Triângulos Retângulos

CAPÍTULO XIII

RESOLUÇÃO DE TRIÂNGULOS RETÂNGULOS

1) **GENERALIDADES** — Em todo triângulo retângulo há sempre um elemento dado: *o ângulo reto*.

Para resolvê-lo, consideraremos além da relação fundamental $\beta + \gamma = 90^o$, ainda as três seguintes obtidas anteriormente

$$sen\ \beta = \frac{b}{a}, \quad cos\ \beta = \frac{c}{a},$$

$$tg\ \beta = \frac{b}{c}$$

Cada uma das relações precedentes envolve sempre três elementos — *dois lados e um ângulo* — de tal sorte que sua aplicação à resolução dos triângulos retângulos exige o conhecimento de duas das incógnitas que conteem.

Somente podem surgir os casos seguintes:

I) *São dados um cateto e a hipotenusa*
II) *São dados um cateto e um ângulo*
III) *São dados os dois catetos*
IV) *São dados a hipotenusa e um ângulo*.

que trataremos a seguir.

2) **PRIMEIRO CASO** — *Resolver um triângulo retângulo conhecendo um cateto* b *e a hipotenusa* a.

Os elementos buscados são o cateto *c* e os dois ângulos β, γ.

Fonte: SERRÃO, A. N. Lições de Trigonometria Retilínea e de Cálculo Vetorial. Rio de Janeiro: Edições Boffoni, 1942

O autor, em seguida, começa a explicação dos casos, utilizando-se das fórmulas de seno, cosseno e tangente e resolução pelo Teorema de Pitágoras, passando por cálculo de logaritmo, acabando na expressão que fornece a fórmula para cálculo da área do triângulo, exemplo com valores numéricos e cálculos auxiliares.

Exemplo de utilização de seno, cosseno, tangente, logaritmo e resolução pelo Teorema de Pitágoras

Temos imediatamente

$$b = a \cos \gamma \qquad \text{donde} \qquad \cos \gamma = \frac{b}{a}$$

e $\beta = 90^o - \gamma$. Finalmente $c = b \; tg \; \gamma$ ou $c = b \; cotg \; \beta$.

Na determinação de c poderiamos ainda recorrer à fórmula de Pithagoras

$$c^2 = a^2 - b^2 = (a + b)\;(a - b)$$

donde

$$\log c = \frac{1}{2} \left[\log (a + b) + \log (a - b) \right]$$

A expressão da área será

$$S = \frac{1}{2}\, b\, c = \frac{1}{2}\, b \,.\, \sqrt{(a + b)\;(a - b)}$$

EXEMPLO — Consideremos os dados $b = 317{,}5$ ms. $a = 629{,}8$ ms.

DISPOSIÇÃO

$b = a \cos \gamma$

$\log \cos \gamma = \log b + colog\; a =$

$= \bar{1}{,}7025410$

$\gamma = 59^o\; 43'\; 36''$

$\beta = 90^o - \gamma = 30^o\; 16'\; 24''$

$c = b \; tg \; \gamma$

$\log c = \log b + \log tg \; \gamma$

$c = 543{,}9$ ms.

CÁLCULOS AUXILIARES

$\log b = 2{,}5017437$

$\log a = 2{,}7992027$

$colog\; a = \bar{3}{,}2007973$

$2{,}5017437$
$\bar{3}{,}2007973$

$\log \cos \gamma = \bar{1}{,}7025410$

$\log tg \; \gamma = 0{,}2337890$

$2{,}5017437$
$0{,}2337890$

$\log c = 2{,}7355327$

$a + b = 947{,}3$

$a - b = 312{,}3$

$\log (a + b) = 2{,}9764875$

$\log (a - b) = 2{,}4945720$

Fonte: SERRÃO, A. N. Lições de Trigonometria Retilínea e de Cálculo Vetorial. Rio de Janeiro: Edições Boffoni, 1942

Após fazer o mesmo com os outros casos, o autor inicia exercícios de aplicação, todos resolvidos passo a passo, e por último propõe exercícios para resolução, com a resposta e não a resolução, na frente de cada exercício.

Aplicações da resolução de triângulos retângulos utilizando seno e logaritmo

6) APLICAÇÕES — **a)** *Resolver um triângulo retângulo sendo dados,* $b = 320$ *metros e* $\dfrac{\beta}{\gamma} = \dfrac{7}{5}$.

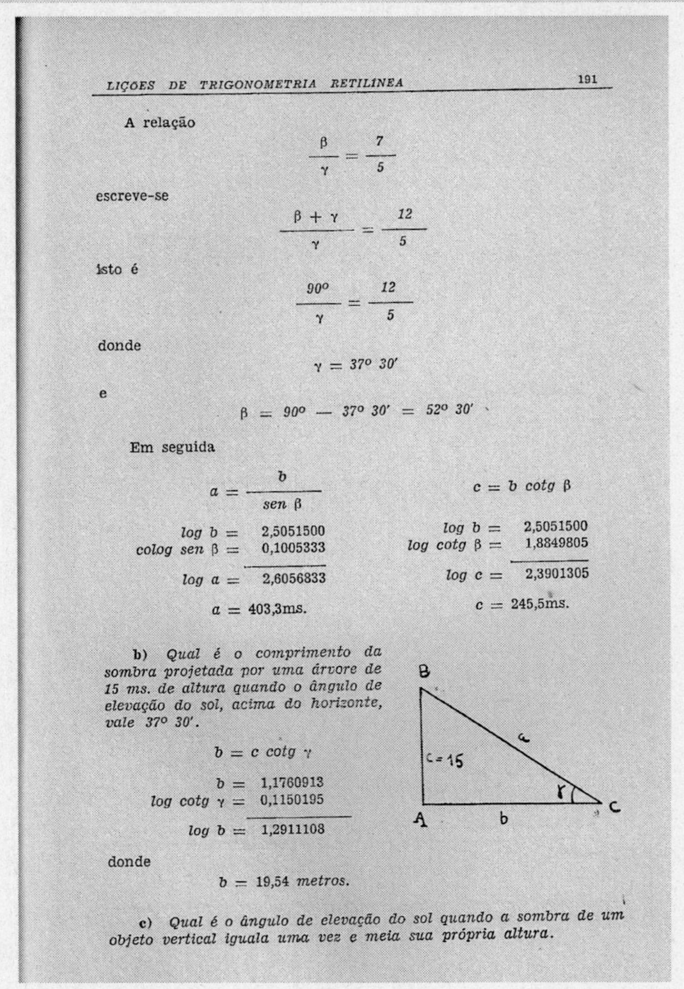

LIÇÕES DE TRIGONOMETRIA RETILÍNEA 191

A relação

$$\frac{\beta}{\gamma} = \frac{7}{5}$$

escreve-se

$$\frac{\beta + \gamma}{\gamma} = \frac{12}{5}$$

isto é

$$\frac{90^o}{\gamma} = \frac{12}{5}$$

donde

$$\gamma = 37^o\ 30'$$

e

$$\beta = 90^o - 37^o\ 30' = 52^o\ 30'$$

Em seguida

$$a = \frac{b}{sen\ \beta} \qquad c = b\ cotg\ \beta$$

$$\begin{aligned} log\ b &= 2,5051500 \\ colog\ sen\ \beta &= 0,1005333 \\ \hline log\ a &= 2,6056833 \\ a &= 403,3ms. \end{aligned} \qquad \begin{aligned} log\ b &= 2,5051500 \\ log\ cotg\ \beta &= 1,8849805 \\ \hline log\ c &= 2,3901305 \\ c &= 245,5ms. \end{aligned}$$

b) *Qual é o comprimento da sombra projetada por uma árvore de 15 ms. de altura quando o ângulo de elevação do sol, acima do horizonte, vale 37º 30'.*

$$b = c\ cotg\ \gamma$$

$$\begin{aligned} b &= 1,1760913 \\ log\ cotg\ \gamma &= 0,1150195 \\ \hline log\ b &= 1,2911108 \end{aligned}$$

donde

$$b = 19,54\ metros.$$

c) *Qual é o ângulo de elevação do sol quando a sombra de um objeto vertical iguala uma vez e meia sua própria altura.*

Fonte: SERRÃO, A. N. Lições de Trigonometria Retilínea e de Cálculo Vetorial. Rio de Janeiro: Edições Boffoni, 1942

No livro de Euclides Roxo, Haroldo Cunha, Roberto Peixoto e Dacorso Netto (1944, p. 399-400), *Matemática 2º Ciclo – 2ª* Série, 1944, na unidade 11 "Resolução de triângulos", no item dois, "Resolução de triângulos retângulos", temos:

Resolução de triângulos retângulos – casos clássicos

RESOLUÇÃO DOS TRIÂNGULOS RETÂNGULOS.

Casos clássicos (40)

Como nestes triângulos $\hat{A} = 90°$, os casos de resolução consistirão na determinação de três dos cinco elementos restantes, conhecidos os outros dois. Um dos elementos dados tem que ser necessàriamente um lado.

(40) Na resolução dos triângulos são chamados *casos clássicos* os casos em que os dados são três dos seis elementos principais sendo um dêles, obrigatoriamente, um lado, pedindo-se os outros três.

400 TRIGONOMETRIA

77 — 1º Caso: — Resolver um triângulo retângulo sendo dados a hipotenusa e um ângulo agudo.

$$\text{Dados} \begin{cases} a \\ B \end{cases}$$

Cálculo de C		$C = 90° - B$
"	" b	$b = a \operatorname{sen} B$
"	" c	$c = a \cos B$
"	" S	$S = \dfrac{bc}{2} = \dfrac{a^2 \operatorname{sen} B \cos B}{2}$

Observaremos que estas expressões fornecem os elementos desconhecidos em função apenas dos elementos dados. Duas vantagens há nesta orientação de cálculo. A primeira é que se quisermos determinar apenas um certo elemento do triângulo, não haverá necessidade de perdermos tempo em calcular os outros elementos para, em função dêles, obter os elementos pedidos. A segunda vantagem é que trabalharemos sempre com elementos exatos, que são os dados, e não com elementos de valor aproximado, como teriamos que fazer utilizando os outros elementos resultantes do cálculo logaritmico e, por isto, só obtidos com maior ou menor aproximação.

APLICAÇÃO NUMÉRICA. (41)

$$\text{Dados} \begin{cases} A = 90° \\ a = 2625{,}56\text{m} \\ B = 42°\,26'\,37''. \end{cases}$$

Calculo de C

$C = 90° - B = 47°33'23''$

Calculo de b

$b = a \operatorname{sen} B$

$\lg b = \lg a + \lg \operatorname{sen} B$

$\lg a = 3,\ 419\ 2219$

$\lg \operatorname{sen} B = \overline{1},\ 829\ 2164$

$\lg b = 3,\ 248\ 4383$

$b = 1771,\ 89\text{m}.$

Calculo de c

$c = a \cos B$

$\lg c = \lg a + \lg \cos B$

$\lg a = 3,\ 419\ 2219$

$\lg \cos B = \overline{1},\ 868\ 0222$

$\lg c = 3,\ 287\ 2441$

$c = 1937,\ 51\text{m}$

(41) Os exercícios estão feitos com a tábua de logarítmos F. T. D. de 7 decimais.

Fonte: ROXO, E.; PEIXOTO, R.; CUNHA, H.; NETTO, D. Matemática 2º Ciclo – 2ª

Série. 2. ed. Rio de Janeiro: Livraria Francisco Alves, 1944.

Os exercícios a resolver estão no final do livro, bem como as suas respostas.

> Unidade XI
>
> 1. Resolver o triângulo retângulo no qual α = 426 e B = 26° 32´.
>
> 2. Resolver o triângulo retângulo no qual b = 35,87 e B = 56° 29 ´30"
>
> [...].
>
> (ROXO; CUNHA; PEIXOTO; NETTO, p. 436, 1944).

Comparando-se a metodologia utilizada para o desenvolvimento do conteúdo, podemos perceber que para os Cursos Clássico e Científico a matéria é ensinada mais diretamente, sem a utilização de símbolos matemáticos em excesso, de modo menos complexo, sugerindo que o professor teria que interagir mais intensamente com os alunos pela forma que estão sendo propostos os exercícios.

Já nos livros dos Cursos Complementares, a matéria é exposta com maiores detalhes e rigor matemático. O rigor sugere um esquema de tratados, em que o conteúdo constitui uma unidade autônoma. Não há seriação, não há elementos que serão retomados e aprofundados em outros volumes.

Os ensinos de Álgebra

O estudo da organização dos ensinos de Álgebra será realizado da mesma forma que a utilizada na Geometria Analítica e Trigonometria. Primeiramente analisaremos os prefácios dos livros exemplificados dos Cursos Complementares e dos Cursos Clássico e Científico, procurando identificar as finalidades a que os autores se propuseram.

As finalidades dos ensinos de Álgebra dos Cursos Complementares e dos Cursos Clássico e Científico

O primeiro livro apresentado nesta pesquisa, do Curso Complementar, *Lições de Álgebra Elementar*, de Serrão (1938, grifo do autor), traz em seu prefácio, que foi escrito para "guiar os alunos do CURSO COMPLEMENTAR e os candidatos ao exame de admissão para a ESCOLA MILITAR no estudo da Álgebra". Em seguida, faz uma crítica aos programas de Matemática do Curso Fundamental, denominado Ginásio, na Reforma Capanema e atualmente, ensino fundamental (5ª às 8ª séries), no que diz respeito à forma pela qual a Matemática é ensinada nesse nível escolar.

Na fala do autor, as orientações contidas nos programas de Matemática do Curso Fundamental passaram a exigir que o aluno apenas decorasse fórmulas e regras variadas, de emprego imediato, excluindo todo e qualquer raciocínio e que seria necessária uma reação por parte dos professores a esta orientação, porque por causa dessa nova orientação a maioria dos alunos não estava conseguindo vencer a transição que era imposta pelos programas dos Cursos Complementares.

Serrão (1938), termina a sua exposição enfatizando que o livro está organizado de maneira que, sendo desenvolvida a capacidade de ação do aluno, obrigaria ele a estudar sozinho determinadas questões. Os exercícios e problemas estariam dispostos no final de cada capítulo, por ordem de dificuldade, acompanhados das respectivas respostas, visando familiarizar o aluno com o emprego da teoria correspondente e trazendo-lhe a segurança no manejo das aplicações.

No prefácio do segundo livro exemplificado para os Cursos Complementares, *Pontos de Álgebra Complementar – Teoria das Equações* , de acordo com o programa do Curso Complementar , de Haroldo Lisboa da Cunha (1939, s/p), o autor enfatiza que o conteúdo do livro é a reprodução de, "apenas, nossas aulas no Colégio Pedro II" e foi elaborado somente com o intuito de facilitar a tarefa do estudante, apresentando um curso que, a partir de conhecimentos teóricos essenciais, fossem encontrados exercícios metódicos e aplicações.

Informa também que o programa de Álgebra, da segunda série do Curso Complementar, para as escolas de Engenharia, Química e Arquitetura, foi seguido *pari-passu.* (grifo nosso). Termina com agradecimentos aos alunos que revisaram todos os resultados das questões propostas no livro.

No livro *Lições de Análise Algébric*a, para primeira série do Curso Pré- Técnico, de Alberto Nunes Serrão (1940), o autor, no prefácio, esclarece que o livro sofreu ligeiras modificações, em relação ao curso ministrado às turmas das primeiras e segundas séries da seção de Engenharia do Colégio Universitário da Universidade do Brasil, durante os períodos escolares de

1938 a 1939. Explica que o conteúdo do livro estava organizado de maneira que nos primeiros capítulos o leitor estudaria apenas conceitos de número natural e número racional, que seriam generalizados nos outros capítulos, pela introdução dos números irracionais e complexos. Essa organização dos ensinos de Álgebra era justificada, fazendo referência a autores alemães e italianos e vantagens de ordem didática.

Os três livros citados estavam todos voltados para os Cursos Complementares e enfatizavam, como observado em seus prefácios, a finalidade única de atender a um determinado Curso Complementar.

Nos livros dos Cursos Clássico e Científico, a Álgebra aparece nos três volumes, da primeira à terceira série. O prefácio é o mesmo para as três séries, e os livros, segundo seus prefácios, são voltados para os Cursos Clássico e Científico, demonstrando a homogeneidade de ensinos de Matemática e a preocupação em manter a unidade didática entre os capítulos não havendo a especificidade do curso superior a que estivesse destinado.

Nesse caso, tanto fazia os alunos dos Cursos Clássico e Científico almejarem a prestação dos exames da Faculdade de Engenharia, de Direito ou de Medicina, a matéria estudada seria a mesma. Portanto, podemos concluir que os livros analisados para os cursos Clássico e Científico não visavam a um curso superior específico e nem havia a indicação de qualquer instituição de ensino superior, somente o segundo ciclo do ensino secundário, o curso colegial (Clássico e Científico).

A organização dos ensinos de Álgebra nos Cursos Complementares e nos Cursos Clássico e Científico

Os ensinos de Álgebra, nos livros analisados dos Cursos Complementares, são em sua maioria, organizados em capítulos que se iniciam com a exposição da teoria e logo após a resolução, passo a passo, de exercícios relativos à teoria apresentada. No final do livro, é apresentada uma relação de exercícios a resolver, com as respectivas respostas. Esta didática de ensino nos leva à idéia de preparação dos alunos para a prestação de exames. Quando o professor resolve todos os exercícios em suas aulas e, depois, pede aos alunos que estudem esses exercícios, é porque, na maioria das vezes, vão ser exigidos nos exames ou provas.

Observa-se também a preocupação dos autores com o rigor matemático tanto na apresentação e desenvolvimento da teoria como na resolução de exercícios.

Tomaremos como exemplo dessa organização de conteúdos o capítulo 12 do livro *Lições de Álgebra Elementar*, de Serrão (1938, p. 218-219), intitulado "Desigualdades do segundo grau":

Desigualdades do segundo grau

CAPITULO XII

Desigualdades do segundo grau

246) Denomina-se *desigualdade do segundo grau* a toda expressão da forma:

$$ax^2 + bx + c > o \text{ ou } ax^2 + bx + c < o$$

Sua resolução consistirá na determinação dos limites entre os quais póde variar x, para a que a desigualdade seja satisfeita.

Este problema está intimamente ligado ao estudo da variação do sinal do trinomio do segundo grau, como veremos adiante.

246) PROBLEMA I — *Resolver a desigualdade* $ax^2 + bx + c > o$.

Distinguiremos imediatamente dois casos, conforme seja $a > o$ ou $a < o$.

Supondo $a > o$ examinaremos as três hipóteses possiveis quanto a natureza das raizes do trinomio.

1) **O trinomio admite raizes reais e desiguais;**
2) **O trinomio admite raizes reais e iguais;**
3) **O trinomio admite raizes imaginarias.**

Na primeira hipótese a desigualdade só será verificada para os valores de x externos as raizes, quando a é positivo e pelos valores internos ás mesmas se $a < o$.

Na segunda e terceira hipótese o trinomio tem sempre o sinal de a; portanto se este for positivo,

Fonte: SERRÃO, A. Lições de Álgebra Elementar. Rio de Janeiro: J. R. de Oliveira & C., 1938

Exemplo de resolução de desigualdade de segundo grau

ALGEBRA 219

A desigualdade será verificada para todos os valores de x, caso contrario não admitirá nenhuma solução.

Resumindo:

$ax^2 + bx + c > o$

- $\Delta > o$
  - $a > o$ — valores extremos
  - $a < o$ — valores internos
- $\Delta = o$
  - $a > o$ — infinidade de soluções
  - $a < o$ — não admite solução
- $\Delta < o$
  - $a > o$ — satisfeita para qualquer valor de x
  - $a < o$ — não admite solução

A desigualdade $ax^2 + bx + c < o$ resolve-se de forma analoga.

247) EXEMPLO I — Resolver a desigualdade

$$-x^2 + 5x - 6 > o$$

As raizes do trinomio do 1.º membro são 3 e 2. Como o coeficiente de x^2 é -1, a desigualdade sómente será satisfeita para valores internos ás raizes, isto é, para

$$2 < x < 3$$

EXEMPLO II — Resolver a desigualdade

$$3x^2 - 12x + 27 < 0$$

Igualando o trinomio a zéro, obtemos para raizes $2 + 5i$ e $2 - 5i$.

Estas sendo imaginarias o trinomio terá sempre o sinal do seu primeiro termo, portanto a desigualdade considerada não admite solução.

248) PROBLEMA II — *Resolver a desigualdade* $ax^2 + bx + c > k$.

Passando k para o primeiro membro recai-se no caso precedente.

Fonte: SERRÃO, A. Lições de Álgebra Elementar. Rio de Janeiro: J. R. de Oliveira & C., 1938

Observam-se nesses livros diferenças nos conteúdos apresentados.

Na coleção dos livros intitulados *Matemática 2º Ciclo*, dos quatro autores já citados, a Álgebra aparece nos três volumes (primeira, segunda e terceira séries), como podemos verificar nos índices desses livros.

A organização dos conteúdos, a apresentação e o desenvolvimento da teoria e a resolução de exercícios tornam-se menos complexas, seguindo a seguinte ordem: resumo da teoria, exemplo com a aplicação da teoria utilizando-se números para o cálculo; exemplos resolvidos de alguns casos especiais da aplicação da teoria e ao final da unidade, há exercícios propostos sem a resolução. As respostas dos exercícios propostos são fornecidas, não a sua resolução. Citaremos como exemplo o mesmo conteúdo matemático analisado no livro *Lições de Álgebra Elementar* de Serrão: desigualdades do segundo grau.

Tipos de inequações do segundo grau

222 MATEMÁTICA — 2º CICLO — 1ª SÉRIE

Inequações do 2º grau

39 — Tipos de inequações do 2º grau. A resolução das inequações do 2º grau, de uma incógnita, constitue uma aplicação imediata do estudo da variação de sinal de um trinômio.

As inequações do 2º grau se reduzem sistematicamente a um dos tipos :

$$ax^2 + bx + c > 0 \quad (10)$$

$$ax^2 + bx + c < 0 \quad (11)$$

onde sempre poderá ser suposto $a > 0$.

Inicialmente deverá ser calculado o discriminante Δ.

Quando tivermos $\Delta > 0$, a inequação (10) será satisfeita para $x < x'$ e $x > x''$ (44); a inequação (11), ao contrário, será satisfeita para $x' < x < x''$.

No caso de $\Delta = 0$, a primeira inequação será satisfeita para $x \neq x'$; a segunda não admitirá solução.

Finalmente, se tivermos $\Delta < 0$, qualquer valor de x satisfará à inequação (10). A segunda será *impossível*.

EXEMPLO I — "Resolver a inequação :

$$-9x^2 + 12x - 4 < 0 \text{"}.$$

Trocando-lhe todos os sinais, obteremos $a > 0$; o sentido, no entanto, mudará, vindo então :

$$9x^2 - 12x + 4 > 0$$

onde $\Delta = 0$. Calculemos as raizes iguais do trinômio $9x^2 - 12x + 4$, para o que deveremos resolver a equação :

$$9x^2 - 12x + 4 = 0$$

Teremos : $x' = x'' = \frac{2}{3}$. De acôrdo com as considerações antes feitas, a solução será :

$$x \neq \frac{2}{3}$$

(44) Tal como já fizemos, estamos representando as raízes do trinômio por x' e x'' e admitindo $x' < x''$.

Fonte: ROXO, E.; PEIXOTO, R.; CUNHA, H.; NETTO, D. Matemática 2º Ciclo – 1ª série. Rio de Janeiro: Livraria Francisco Alves. 2. ed. 1945

Exemplo de resolução de inequação do segundo grau

isto é, o valor $\frac{2}{3}$ anulará o trinômio que constitue o primeiro membro da inequação. Qualquer outro valor de x satisfará à condição.

EXEMPLO II — *"Resolver a inequação :*

$$-5x^2 + 11x + 12 > 0 \text{ ".}$$

Trocando-lhe os sinais, virá :

$$5x^2 - 11x - 12 < 0$$

onde $\Delta = 361$. Há, portanto, dois valores que anulam o primeiro membro da inequação. São eles, $x' = 3$ $x'' = -\frac{4}{5}$.

Os valores que satisfazem estão situados entre as raizes do trinômio $5x^2 - 11x - 12$, isto é :

$$3 < x < -\frac{4}{5}$$

40 — Observação. Poderemos, com o auxilio dos casos estudados, resolver alguns tipos especiais de inequações. As aplicações que se seguem esclarecerão suficientemente a questão.

EXEMPLO I — *"Resolver a inequação :*

$$(2x^2 + x - 6)\ (-3x^2 + 10x - 7)\ (x^2 - 2x + 1) > 0 \text{ ".}$$

Trocando os sinais do fator intermediário, virá :

$$(2x^2 + x - 6)\ (3x^2 - 10x + 7)\ (x^2 - 2x + 1) < 0$$

Para maior brevidade, representaremos êsses fatores, respectivamente, por $P_1(x)$, $P_2(x)$ e $P_3(x)$.

Para $P_1(x)$, temos $\Delta > 0$, $x' = -2$, $x'' = \frac{3}{2}$; para $P_2(x)$, $\Delta > 0$, $x' = 1$, $x'' = \frac{7}{3}$ e, finalmente, para $P_3(x)$, $\Delta = 0$, $x' = x'' = 1$.

Consideremos os sucessivos intervalos : de $-\infty$ a -2; de -2 a 1; de 1 a $\frac{3}{2}$; de $\frac{3}{2}$ a $\frac{7}{3}$ e, ainda, de $\frac{7}{3}$ a $+\infty$ e, em cada um, determinemos os sinais de $P_1(x)$, $P_2(x)$ e $P_3(x)$. Tere-

Fonte: ROXO, E.; PEIXOTO, R.; CUNHA, H.; NETTO, D. Matemática 2.o Ciclo – 1. a série. Rio de Janeiro: Livraria Francisco Alves. 2. ed. 1945

Exemplo de resolução de divisão de inequações do segundo grau

224 MATEMÁTICA — 2º CICLO — 1ª SÉRIE

mos o quadro abaixo onde aparecem, também, os sinais do produto que constitue o primeiro membro da inequação.

x	$P_1(x)$	$P_2(x)$	$P_3(x)$	$P_1(x)\,P_2(x)\,P_3(x)$
$-\infty$	....	....	....	....
	+	+	+	+
-2	....	....	....	....
	—	+	+	—
1	....	....	....	....
	—	—	+	+
$\frac{3}{2}$	....	....	....	....
	+	—	+	—
$\frac{7}{3}$	....	....	....	....
	+	+	+	+
$+\infty$	....	....	....	....

A conclusão é imediata. A inequação será satisfeita, quando tivermos :

$$-2 < x < 1 \text{ ou } \frac{3}{2} < x < \frac{7}{3}$$

EXEMPLO II — "*Resolver a inequação* :

$$\frac{7x^2 - 22x - 29}{4x^2 - 3x - 45} < 1 \text{''}.$$

Inicialmente, devemos transformá-la, escrevendo :

$$\frac{7x^2 - 22x - 29}{4x^2 - 3x - 45} - 1 < 0$$

ou ainda :

$$\frac{7x^2 - 22x - 29 - (4x^2 - 3x - 45)}{4x^2 - 3x - 45} < 0$$

Fonte: ROXO, E.; PEIXOTO, R.; CUNHA, H.; NETTO, D. Matemática 2.o Ciclo – 1.a série. Rio de Janeiro: Livraria Francisco Alves. 2. ed. 1945

Exercícios propostos para a resolução de trinômios e binômios

250 MATEMÁTICA — 2º CICLO — 1ª SÉRIE

Exercícios propostos

1. Escrever os trinômios abaixo sob a *forma canônica geral*:

   I) $2x^2 + 3x + 9$;
   II) $5\alpha^2 - 7\alpha + 1$;
   III) $4y^2 - 4y + 1$;
   IV) $\lambda^2 - 5\lambda + 6$.

2. Escrever os binômios abaixo sob a *forma canônica geral* :

   I) $3\beta^2 + 5\beta$;
   II) $4x^2 - x$;
   III) $7t^2 + 2$.

3. Fatorizar os seguintes trinômios :

   I) $4x^2 + 19x - 5$;
   II) $3a^2 + 23a + 14$;
   III) $25t^2 + 10t + 1$;
   IV) $9\lambda - 12\lambda + 4$;
   V) $x^2 - 6x + 13$;
   VI) $y^2 - 6y + 7$.

4. Fatorizar os binômios que se seguem :

   I) $3\alpha^2 - 4\alpha$;
   II) $4x^2 - 25$;
   III) $9\ p^2 + 1$.

5. Estudar as variações de sinal dos trinômios abaixo :

   I) $P(x) \equiv 49x^2 + 56x + 16$;
   II) $P(k \equiv -k^2 - 2k + 8$;
   III) $P(r) \equiv -4r^2 + 4r + 3$;
   IV) $P(x) \equiv -201x^2 + x - 4$;
   V) $P(t) \equiv 45t^2 - 20t + 81$.

6. Estudar as variações de sinal dos binômios seguintes :

   I) $P(x) \equiv 3x^2 + 5$;
   II) $P(t) \equiv 9t^2 - 1$;
   III) $P(y) \equiv -4y^2 + 25$;
   IV) $P(x) \equiv 25x^2 + 4x$;
   V) $P(p) \equiv -3p^2 + 2p$.

Fonte: ROXO, E.; PEIXOTO, R.; CUNHA, H.; NETTO, D. Matemática 2.o Ciclo – 1.a série. Rio de Janeiro: Livraria Francisco Alves. 2. ed. 1945

Exercícios propostos para a resolução de inequações do segundo grau

MATEMÁTICA — 2º CICLO — 1ª SÉRIE 251

7. Determinar a posição do número 3 em relação às raízes do trinômio $P(x) \equiv x^2 - 10x + 20$.

8. Determinar a posição do número 11 em relação às raízes do trinômio $P(p) \equiv 4p^2 - 124p + 949$.

9. Determinar a posição dos números -10 e -4 em relação às raízes do trinômio $P(y) \equiv -13y^2 - 24y + 205$.

10. Demonstrar que a equação:

$$(\lambda - 1)x^2 - (\lambda + 5)x - \lambda = 0$$

admitirá sempre raízes diferentes, qualquer que seja o valor atribuido ao parâmetro λ.

11. Determinar o trinômio que, para: $x = \frac{1}{3}$, 1 e -2, assume, respectivamente, os valores 4, 16 e 25.

12. Estudar a variação do trinômio obtido no exercício anterior.

13. Resolver as inequações:

I) $25x^2 > 9$;

II) $3x^2 + 5x < 0$;

III) $1 > 7a^2$;

IV) $\frac{3}{4}(t-1)^2 - \frac{5}{3}t < 1 - (t+1)^2$;

V) $\frac{p+1}{p-1} < 0$;

VI) $\frac{p-1}{p+1} > 1$;

VII) $5k - 7 > 3k^2$.

14. Para que valores de λ a inequação:

$$(\lambda - 1)x^2 + (4\lambda - 3)x + (5\lambda - 3) > 0$$

será sempre verificada?

15. Simplificar as expressões abaixo:

I) $\frac{4x^2 - 7x + 3}{8x^2 - 10x + 3}$;

II) $\frac{-2k^2 + 5k + 3}{8k^2 + 17k - 21}$.

Fonte: ROXO, E.; PEIXOTO, R.; CUNHA, H.; NETTO, D. Matemática 2.o Ciclo – 1.a série. Rio de Janeiro: Livraria Francisco Alves. 2. ed. 1945

Soluções dos exercícios propostos para a resolução de inequações do segundo grau

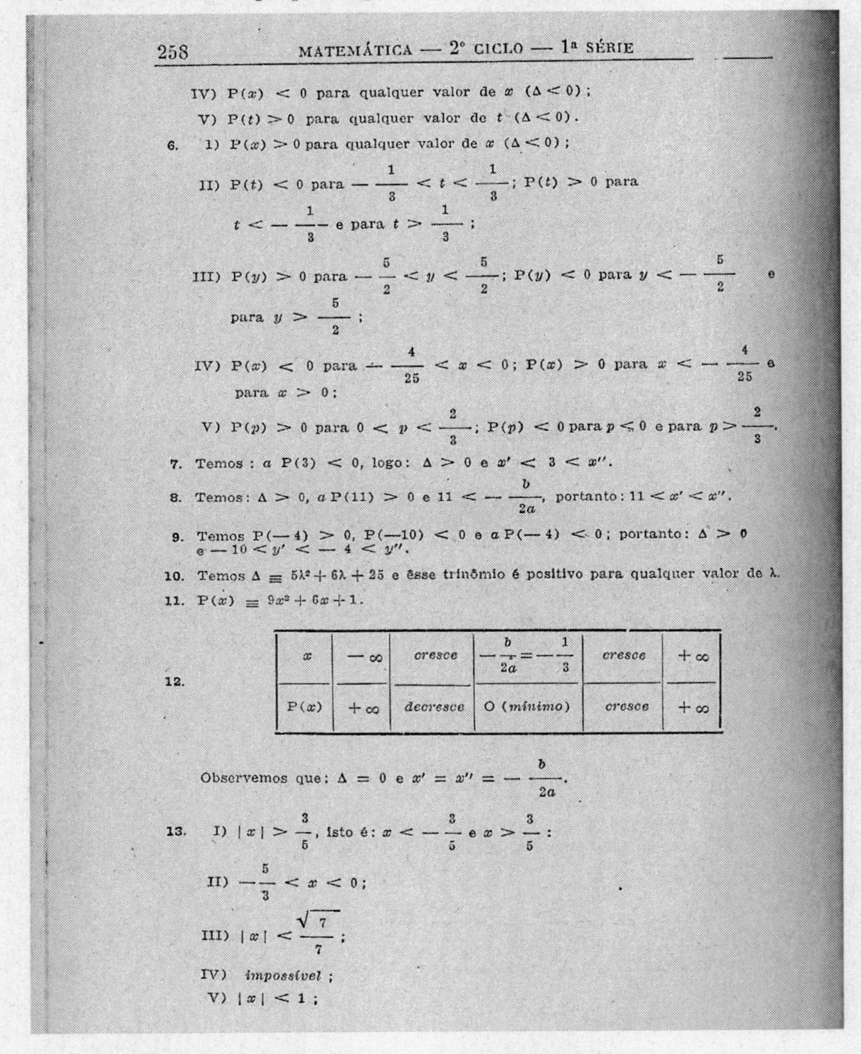

IV) $P(x) < 0$ para qualquer valor de x $(\Delta < 0)$;

V) $P(t) > 0$ para qualquer valor de t $(\Delta < 0)$.

6. I) $P(x) > 0$ para qualquer valor de x $(\Delta < 0)$;

II) $P(t) < 0$ para $-\dfrac{1}{3} < t < \dfrac{1}{3}$; $P(t) > 0$ para $t < -\dfrac{1}{3}$ e para $t > \dfrac{1}{3}$;

III) $P(y) > 0$ para $-\dfrac{5}{2} < y < \dfrac{5}{2}$; $P(y) < 0$ para $y < -\dfrac{5}{2}$ e para $y > \dfrac{5}{2}$;

IV) $P(x) < 0$ para $-\dfrac{4}{25} < x < 0$; $P(x) > 0$ para $x < -\dfrac{4}{25}$ e para $x > 0$;

V) $P(p) > 0$ para $0 < p < \dfrac{2}{3}$; $P(p) < 0$ para $p \leq 0$ e para $p > \dfrac{2}{3}$.

7. Temos : $a\,P(3) < 0$, logo: $\Delta > 0$ e $x' < 3 < x''$.

8. Temos: $\Delta > 0$, $a\,P(11) > 0$ e $11 < -\dfrac{b}{2a}$, portanto: $11 < x' < x''$.

9. Temos $P(-4) > 0$, $P(-10) < 0$ e $a\,P(-4) < 0$; portanto: $\Delta > 0$ e $-10 < y' < -4 < y''$.

10. Temos $\Delta \equiv 5\lambda^2 + 6\lambda + 25$ e êsse trinômio é positivo para qualquer valor de λ.

11. $P(x) \equiv 9x^2 + 6x + 1$.

12.

x	$-\infty$	*cresce*	$-\dfrac{b}{2a} = -\dfrac{1}{3}$	*cresce*	$+\infty$
$P(x)$	$+\infty$	*decresce*	O (*mínimo*)	*cresce*	$+\infty$

Observemos que: $\Delta = 0$ e $x' = x'' = -\dfrac{b}{2a}$.

13. I) $|x| > \dfrac{3}{5}$, isto é: $x < -\dfrac{3}{5}$ e $x > \dfrac{3}{5}$;

II) $-\dfrac{5}{3} < x < 0$;

III) $|x| < \dfrac{\sqrt{7}}{7}$;

IV) *impossível* ;

V) $|x| < 1$;

Fonte: ROXO, E.; PEIXOTO, R.; CUNHA, H.; NETTO, D. Matemática 2.o Ciclo – 1.a série. Rio de Janeiro: Livraria Francisco Alves. 2. ed. 1945

Também para os ensinos de Álgebra, podemos notar com a análise e comparação dos programas oficiais de Matemática, para essa matéria, dos Cursos Complementares e dos Cursos Clássico e Científico, com os respectivos livros didáticos, que houve alteração na organização desses ensinos, passando a fazer parte de um todo, composto de outras matérias, fazendo com que aparecesse uma padronização e sistematização desses ensinos.

Os ensinos de Aritmética

Para o estudo da organização dos ensinos de Aritmética, não foram encontrados livros didáticos para os Cursos Complementares. Nos programas de Matemática para os Cursos Complementares procuramos relacionar alguns itens e colocá-los na Aritmética Teórica e comparamos com os conteúdos estipulados nos programas oficiais dos Cursos Clássico e Científico.

Notamos que a Aritmética proposta para os Cursos Complementares era praticamente inexistente, quando comparada à dos Cursos Clássico e Científico.

Observando-se os índices dos livros editados para os Cursos Complementares, já analisados, encontramos alguns conceitos relacionados à Aritmética em livros dedicados à Álgebra, como no livro intitulado : *Lições de Análise Algébrica*, Alberto Nunes Serrão (1940), o capítulo 16 é dedicado ao estudo da teoria do máximo divisor comum e do mínimo múltiplo comum.

Nos programas de Matemática para os Cursos Clássico e Científico, a Aritmética Teórica é encontrada somente nas primeiras séries.

Nos livros didáticos, *Matemática 2º Ciclo*, de Euclides Roxo, Roberto Peixoto, Haroldo Cunha e Dacorso Netto, a Aritmética é encontrada somente no livro indicado para a primeira série dos Cursos Clássico e Científico.

Esse conteúdo matemático, pelo que pudemos observar, foi introduzido nos programas dos Cursos Clássico e Científico, como uma unidade didática, como elemento de ligação à nova forma de organização dos conteúdos matemáticos da Reforma Gustavo Capanema.

Um exemplo dessa característica de ligação obtida pela Aritmética na Reforma Capanema, está, por exemplo, nos conteúdos desenvolvidos na Aritmética: teoria da adição, subtração, da multiplicação, da divisão, da potenciação e da radiciação de inteiros; que serão utilizados quando, em Álgebra, os alunos tiverem que efetuar as operações algébricas sobre polinômios: divisão, método dos coeficientes a determinar, identidades clássicas, dentre outras.

Os ensinos de Cálculo Vetorial

Para o estudo da organização dos ensinos de Cálculo Vetorial, encontramos dois livros: *Elementos de Cálculo Vetorial*, de Roberto Peixoto (1943), e *Exercícios de Vetores*, de Francisco Antonio Lacaz Netto (1942). Esses livros foram elaborados visando atender aos programas dos Cursos Complementares.

Somente o livro *Exercícios de Vetores* contém prefácio e nele o autor informa que o livro foi elaborado a partir do pedido de alunos que se preparavam para o vestibular da Politécnica, e os exercícios ali contidos eram oriundos do curso de Matemática, ministrado pelo autor do livro aos estudantes que se candidatavam aos vestibulares da Politécnica. Os exercícios, segundo o próprio autor, eram de Álgebra Vetorial.

Voltando aos programas de Matemática dos Cursos Complementares, o assunto Álgebra Vetorial é encontrado na primeira série, do Curso Pré-Politécnico e os exercícios do livro estão de acordo com o programa oficial de Matemática. Todos os exercícios do livro estão resolvidos, passo a passo.

No livro de Roberto Peixoto, *Elementos de Cálculo Vetorial,* verifica-se o desenvolvimento dos conceitos matemáticos em concordância também com os programas oficiais dos Cursos Complementares Pré-Politécnicos, mas com a diferença de ser completamente teórico, sem nenhum exercício resolvido ou a resolver, somente o desenvolvimento da teoria.

Comparando os conteúdos dos dois livros anteriormente citados com os respectivos programas de Matemática dos Cursos Complementares, notamos que os dois livros possuem os conteúdos estipulados, menos os conceitos relacionados a movimento e força, velocidade e aceleração.

Retornando aos programas de Matemática dos Cursos Clássico e Científico, encontramos os conceitos relacionados ao Cálculo Vetorial diluídos no assunto Trigonometria, para a segunda série do Curso Clássico e do Curso Científico.

Fazendo a comparação com o livro *Matemática 2º Ciclo – 2ª* série, de Euclides Roxo, Roberto Peixoto, Haroldo Cunha e Dacorso Netto (1944), encontramos os conceitos relacionados ao Cálculo Vetorial, ocupando duas unidades, na parte dedicada à Trigonometria, unidades seis e sete.

A organização do ensino de Cálculo Vetorial sofreu alterações, que podem ser consideradas inversas às realizadas na Aritmética. O Cálculo Vetorial tinha o status de assunto a ensinar nos Cursos Complementares e passou a integrante de uma parte do assunto Trigonometria nos Cursos Clássico e Científico.

A Aritmética, por sua vez, nos Cursos Complementares estava diluída no programa de Matemática, passando ao status de assunto a estudar nos programas de Matemática dos Cursos Clássico e Científico.

CAPÍTULO 6

CONCLUSÃO

A Reforma Francisco Campos (1931-1942) pretendeu dar ao ensino secundário brasileiro um caráter eminentemente educativo, tendo como finalidade exclusiva não o preparo dos jovens estudantes a prestação aos exames aos cursos superiores, como até então era concebido o ensino secundário e sim a formação do homem para todos os setores da atividade nacional.

Essa reforma educacional, segundo Romanelli (2005), pretendeu dar organicidade ao ensino secundário, estabelecendo definitivamente o currículo seriado, a frequência obrigatória e dois ciclos, sendo um denominado Curso Fundamental e outro Curso Complementar e a exigência de habilitação neles para o ingresso no ensino superior.

O ciclo denominado Curso Complementar tinha a duração de dois anos e oferecia três opções aos estudantes: Curso Complementar Pré-Jurídico, Curso Complementar Pré-Médico e Curso Complementar Pré-Politécnico e era obrigatório aos candidatos a matrícula nos cursos superiores respectivos.

Alunos candidatos aos exames de admissão para a Faculdade de Direito, cursavam o Curso Complementar Pré-Jurídico; para a Faculdade de Medicina, o Curso Complementar Pré-Médico, e para a Faculdade Politécnica, o Curso Complementar Pré-Politécnico.

O estudo de Otone e Silva (2006) mostra que as aulas dos Cursos Complementares eram ministradas em anexos aos cursos superiores a que eram destinados, e os programas de Matemática para esses cursos só foram expedidos em 1936.

Nesses programas, os ensinos de Matemática eram organizados com a finalidade de adaptar os jovens à prestação dos exames de admissão às faculdades correspondentes às opções dos Cursos Complementares.

Otone e Silva (2006) concluíram, em sua pesquisa, depois da análise de leis, decretos, portarias, provas e atas de reuniões de professores, que o ensino de Matemática ministrado nos Cursos Complementares, sob a ótica de Chervel (1990), não se constituiu numa disciplina escolar, pois não apresentou um padrão estandardizado de ensino.

Dando continuidade à pesquisa de Otone e Silva (2006), e aos trabalhos realizados pelo grupo de estudo Grupo de História da Educação Matemática (GHEMAT), dentro do projeto intitulado Uma História da Educação Matemática no Brasil nos anos de 1920 a 1960, iniciamos o estudo da Reforma Gustavo Capanema, no que diz respeito ao segundo ciclo do ensino secundário.

A Reforma Gustavo Capanema (1942-1961) reorganizou o ensino secundário brasileiro, conservando o tempo total de duração de sete anos e a sua divisão em dois ciclos. O primeiro ciclo passou a denominar-se Curso Ginasial, com duração de quatro anos e o segundo ciclo passou a chamar-se Curso Colegial, com a duração de três anos. Este último ciclo passou a ser oferecido aos estudantes em duas opções: Curso Clássico ou Curso Científico.

As aulas dos Cursos Clássico e Científico passaram a ser ministradas em instituições de ensino secundário chamadas de Colégios. A aprovação em qualquer um desses cursos habilitaria os alunos a prestarem exames para qualquer curso superior, fato que não ocorria nos Cursos Complementares.

Os programas de Matemática para os Cursos Clássico e Científico foram expedidos em 1943. Analisando esses documentos, pudemos observar a proposta de homogeneidade dos ensinos de Matemática.

Os alunos dos Cursos Clássico e Científico passaram a estudar os mesmos conteúdos matemáticos, com uma pequena diferenciação de complexidade no Curso Científico, levando-nos a crer que os ensinos de Matemática começaram a ser padronizados para este nível escolar.

Visando estudar as transformações ocorridas nos ensinos de Matemática com esses novos programas de Matemática, iniciamos a seleção de livros didáticos de Matemática editados entre 1936 — ano em que foram expedidos os programas de Matemática para os Cursos Complementares — e 1943 — ano da expedição dos programas para os Cursos Clássico e Científico — até 1951 — ano em que foram expedidos os programas mínimos para todas as disciplinas do ensino secundário.

O panorama educacional em que esses livros escolares foram editados, anos de 1936 a 1951, representou um período de transição importante na educação e no livro didático, segundo Samuel Pfromm Neto, em sua obra intitulada *O Livro na Educação*, de 1974.

Foi uma época marcada pela consolidação da impressão de textos escolares no Brasil, da renovação de ideias e procedimentos e, mais especificamente, quanto aos livros didáticos de Matemática, ocorreu o surgimento de livros didáticos com padrões inovadores:

> Época de reformas educacionais, da consolidação da impressão de textos escolares no Brasil, na renovação de idéias e procedimentos, é marcada, no domínio da literatura escolar de matemática, pelo aparecimento de várias obras que além de corresponderem às modificações de currículos e programas, representam progresso considerável sobre o padrão do livro didático vigente até a primeira guerra mundial. Obras realmente inovadoras, que atestam a mudança nos padrões de livros escolares. (NETO, 1974, p. 79).

Os livros didáticos de Matemática, encontrados entre os anos de 1936 e 1951, que foram selecionados como fontes de pesquisa para esta pesquisa, obedeceram aos seguintes critérios de escolha:

- Aqueles cujos autores fossem representativos no panorama da educação escolar brasileira, na maioria, professores de Matemática do Colégio Pedro II e instituições de ensino superior renomadas no período estudado.
- Pela participação de alguns deles diretamente na elaboração das propostas de ensino de Matemática da Reforma Capanema. Vale registrar que Dassie (2001), analisando as propostas dos programas de Matemática dos Cursos Clássico e Científico da Reforma Capanema, entrou em contato com a primeira versão desses programas em documentos pesquisados nos arquivos do Centro de Pesquisa e Documentação de História Contemporânea do Brasil/Fundação Getúlio Vargas - CPDOC/FGV elaborada por Euclides Roxo e enviada a Gustavo Capanema, e, segundo sua análise, esta versão se assemelha muito aos programas oficiais expedidos em 1943.
- Pelo surgimento de uma coleção de livros didáticos tendo como um de seus autores Euclides Roxo, citado por Neto (1974), como um dos autores de livros didáticos de Matemática, que apresentava no conteúdo de seus livros uma série de inovações como: grande quantidade de ilustrações, não somente figuras geométricas como

também de gravuras, documentos importantes na história das matemáticas e a distribuição dos diversos assuntos matemáticos em capítulos.

Da análise feita nos livros editados para os Cursos Complementares, aqueles com edições a partir de 1936 e os editados para os Cursos Clássico e Científico, com edições a partir de 1943, observamos que as transformações ocorridas nos ensinos de Matemática (Álgebra, Geometria, Geometria Analítica, Trigonometria, Aritmética Teórica e Cálculo Vetorial) podem ser sintetizadas em:

- Os conteúdos passaram de itens soltos, isolados e independentes, em um programa de Matemática, nos Cursos Complementares, para componentes dispostos segundo uma lógica-didático matemática e agrupados em unidades interligadas, nos Cursos Clássico e Científico.
- Os itens de conteúdos tornaram-se interdependentes, obedecendo a uma sequência de ensino serial.
- O desenvolvimento da teoria e a utilização de exemplos e exercícios foram perdendo a complexidade e o exagerado rigor matemático, encontrado nos livros didáticos de Matemática dos Cursos Complementares, passando a um desenvolvimento mais simples, ainda conservando o rigor matemático, mas fazendo dos exercícios um meio para o estudo e assimilação dos conteúdos.
- Os conteúdos matemáticos das opções dos Cursos Complementares (Pré- Médico e Pré-Politécnico), antes quase na sua totalidade diferentes entre si, dando a característica de cursos distintos, sofrem uma padronização nos Cursos Clássico e Científico, fazendo desses cursos um só curso, com pequenas variações. Alunos dos Cursos Clássico e Científico estudavam os mesmos conceitos matemáticos, com uma pequena diferença de aprofundamento em alguns tópicos.
- A divisão dos ensinos de Matemática em Geometria e Álgebra, bem como a padronização desses ensinos por série existia somente para o Curso Complementar Pré-Politécnico. Nos Cursos Clássico e Científico, houve a organização desses ensinos por série em Aritmética Teórica, Álgebra, Geometria Analítica e Trigonometria, sob a denominação Matemática.

- Os livros didáticos, antes específicos para determinado assunto, por exemplo, Geometria Analítica, como vimos para os Cursos Complementares, passaram a englobar diferentes assuntos nos Cursos Clássico e Científico, por exemplo, sob o título do livro de *Matemática 2º Ciclo,* os estudantes estudavam a Aritmética Teórica, Álgebra e Geometria.

As análises dessas transformações nos levaram a supor que a coleção de livros didáticos intitulados *Matemática 2º Ciclo,* de autoria de Euclides Roxo, Haroldo Cunha, Roberto Peixoto e Dacorso Neto, fosse composta de obras de Matemática que podem ser consideradas inovadoras. Essa convicção é corroborada pelo seguinte:

- Cada um dos autores dessa coleção de livros didáticos escreveu livros tanto para a Reforma Francisco Campos como para a Reforma Capanema, nos dois níveis de ensino: Curso Ginasial e Curso Colegial (Clássico e Científico) e, segundo estudos dos pesquisadores do GHEMAT, participaram ativamente da constituição da disciplina escolar Matemática para o primeiro ciclo do ensino secundário, chamado Curso Fundamental, na Reforma Francisco Campos e Ginásio, na Reforma Gustavo Capanema. Um exemplo notável é a participação de Euclides Roxo na constituição da disciplina escolar Matemática atestada, de um modo ou de outro, pelos estudos de Werneck (2003), Braga (2003), Dassie (2001), Rocha (2001), Alvarez (2004) e Pires (2004).
- Podemos adicionar ainda o fato de Euclides Roxo ser considerado como um dos autores de livros didáticos de Matemática inovadores, para a época estudada, por Neto (1974), e que obedeciam a uma metodologia diferenciada, propiciando informações envolvendo cálculo, resolução de problemas e curiosidades históricas (SANGIORGI, 1979).

Euclides Roxo, Haroldo Cunha, Roberto Peixoto e Dacorso Netto, escreveram a coleção de livros didáticos intitulados *Matemática 2º Ciclo,* editados para atender aos novos programas de Matemática, para os Cursos Clássico e Científico. Esses livros didáticos não somente respeitavam esses programas, como trouxeram uma proposta diferenciada para o ensino de Matemática, para os Cursos Clássico e Científico, além do fato da divisão dos volumes da coleção em séries e o estudo dos conceitos da Álgebra, Aritmética Teórica, Geometria Analítica e Trigonometria num mesmo livro.

Os livros dessa coleção mostram os conceitos matemáticos de forma simples, concisa e clara, mas sem perder o rigor matemático, divididos em unidades que se interligavam. A cada item desenvolvido, havia exemplos de exercícios resolvidos e exercícios a resolver, o que não acontecia com os livros didáticos de Matemática editados para os Cursos Complementares.

Os autores fazem uso frequente de notas de rodapé, com indicações de bibliografia a consultar, caso o estudante achasse necessário, dados biográficos de matemáticos ilustres e referências à História da Matemática.

Apesar das unidades serem escritas por autores diferentes: Aritmética Teórica, por César Dacorso Netto; Álgebra, por Haroldo Lisboa da Cunha; Geometria, por Euclides Roxo; e Geometria, por Roberto Peixoto, seguiam a mesma estrutura interna, já apresentada.

Os alunos que cursavam a primeira série do Curso Clássico ou do Curso Científico estudariam os mesmos conceitos matemáticos, com pequenas alterações no aprofundamento de alguns itens. O mesmo fato se dava com os alunos que cursavam as segundas e terceiras séries dos Cursos Clássico ou Científico.

Tudo indica que a obra dos quatro autores, como ficou conhecida a coleção de Euclides Roxo, Roberto Peixoto, Haroldo Cunha e Dacorso Netto, constitui-se numa coleção que fez escola e parametrizou a organização de outros livros didáticos, levando à formação de uma vulgata.

Podemos observar que no ano de 2006, os livros didáticos de Matemática editados para o ensino médio, enviados para as escolas estaduais do estado de São Paulo, pelo Governo do Estado de São Paulo, para uso dos alunos e professores, também são divididos em três volumes (primeira, segunda e terceira séries) e possuem divisão interna abrangendo Aritmética, Álgebra, Geometria, Geometria Analítica e Trigonometria, interligadas entre si, como mostrava a coleção *Matemática 2º Ciclo*, dos quatro autores, aqui apresentada.

Essa coleção de livros didáticos de Matemática, pelas características descritas, nos leva a concluir, segundo ensinamentos de Chervel (1990), que por apresentarem padrão bastante diferenciado em sua organização didático-pedagógica, pode ser a origem da constituição de uma vulgata e, consequentemente, levar ao processo de disciplinarização da Matemática, no segundo ciclo do ensino secundário brasileiro, atualmente denominado ensino médio.

Pela dificuldade em procurar livros didáticos da época estudada, que demanda longo período de pesquisa, atestou-se a importância da investigação histórica dos conteúdos matemáticos, ainda no período estudado, e a continuação da procura por outros livros didáticos que fizessem referência à coleção de livros inovadores encontrados, objetivando a continuação dos estudos da apropriação desses livros pelos professores em suas práticas pedagógicas.

Esse estudo foi realizado no doutorado, tendo como questão norteadora: como os livros didáticos de Matemática pertencentes à coleção intitulada *Matemática 2º Ciclo*, de Euclides Roxo, Roberto Peixoto, Haroldo Lisbôa da Cunha e Cesar Dacorso Netto, também conhecida como a coleção dos quatro autores, escrita para os Cursos Colegiais, em tempos da Reforma Gustavo Capanema, contribuíram para a constituição da disciplina escolar Matemática para este nível de ensino?

Mas o resultado deste estudo fica para o nosso próximo livro.

REFERÊNCIAS

ALVAREZ, T. G. **A Matemática da Reforma Francisco Campos em ação no cotidiano escolar**. 2004. Dissertação (Mestrado em Educação Matemática) – Pontifícia Universidade Católica de São Paulo, São Paulo, 2004.

ALVES, C. M. C. Os arquivos e a construção de categorias de análise na história da educação. *In:* 26ª Reunião anual da ANPED. **Anais** [...]. Minas Gerais, 2003, p. 1-10.

ANDRÉ, M. E. D. A. **Etnografia da prática escolar**. Campinas, SP: Papirus, 2003.

APER: Arquivo Pessoal Euclides Roxo, Programa de Estudos Pós-Graduados da Pontifícia Universidade Católica de São Paulo. São Paulo, 2003.

ASSOCIAÇÃO BRASILEIRA DE NORMAS TÉCNICAS.NBR 10520: informação e documentação – citações em documentos: apresentação. Rio de Janeiro, 2002.

ASSOCIAÇÃO BRASILEIRA DE NORMAS TÉCNICAS.NBR 14724: informação e documentação – trabalhos acadêmicos – apresentação. Rio de Janeiro, 2002.

ASSOCIAÇÃO BRASILEIRA DE NORMAS TÉCNICAS. NBR 6023: informação e documentação: citações em documentos: apresentação. Rio de Janeiro, 2002.

BARONI, R. L. S.; NOBRE, S. A. A Pesquisa em História da Matemática e Suas Relações com a Educação Matemática. *In*: BICUDO, M. A. (org.). **Pesquisa em Educação Matemática: concepções e perspectivas.** São Paulo : UNESP, 1999, p. 129-136.

BARONI, R. L. S.; TEIXEIRA, M. V.; NOBRE, S. A. A Investigação Científica em História da Matemática e suas Relações com o Programa de Pós-Graduação em Educação Matemática. *In*: BICUDO, M. A.; BORBA, M. C. (org.). **Educação Matemática: pesquisa em movimento.** São Paulo: CORTEZ EDITORA, 2004, p. 164-185.

BICUDO, M. A.; BORBA, M. C. (org.). **Educação Matemática: pesquisa em movimento.** São Paulo: CORTEZ EDITORA, 2004, p. 164-185.

BICUDO, J. C. **O ensino secundário no Brasil e sua atual legislação (de 1931 a 1941 inclusive)**. São Paulo: Associação dos Inspetores Federais do Ensino Secundário do Estado de São Paulo, 1942.

BRAGA, C. **O processo inicial da disciplinarização de função na Matemática do Ensino Secundário Brasileiro**. 2003. Dissertação (Mestrado em Educação Matemática) — Pontifícia Universidade Católica de São Paulo, São Paulo, 2003.

BRASIL. Circular n.° 13, de 3 de dezembro de 1940 – Divisão do Ensino Secundário – Instruções sobre a utilização das Provas de Matemática.

BRASIL. Decreto – Lei n.° 1.006, de 30 de dezembro de 1938 – estabelece as condições de produção, importação e utilização do livro didático. Rio de Janeiro, 30 de Dezembro de 1938.

BRASIL. Decreto – Lei n.° 1.417, de 13 de julho de 1939 – dispõe sobre o regime do livro didático. Rio de Janeiro, 13 de julho de 1939.

BRASIL. Decreto – Lei n.° 2.934, de 31 de setembro de 1940 – dispõe sobre o regime do livro didático e sobre o funcionamento da Comissão Nacional do Livro Didático no ano de 1941. Rio de Janeiro.

BRASIL. Decreto – Lei n.° 3.580, de 3 de setembro de 1941 – dispõe sobre a Comissão do Livro Didático e dá outras providências. Rio de Janeiro.

BRASIL. Decreto – Lei n.° 4.244, de 09 de abril de 1942 – Lei Orgânica do Ensino Secundário e Legislação Complementar. Diário Oficial da República Federativa do Brasil, Rio de Janeiro, 10 de Abril de 1942. Disponível em: http://wwwt.senado.gov.br/legbras/dezembro de 2004. Acesso em: dez. 2004.

BRASIL. Decreto – Lei n.° 8.460, de 26 de dezembro de 1945 – consolida a legislação sobre as condições de produção, importação e utilização do livro didático. Diário Oficial de 26 de dezembro 1945. Rio de Janeiro.

BRASIL. Decreto – Lei n.° 93, de 21 de dezembro de 1937 – cria o Instituto Nacional do Livro. Rio de Janeiro.

BRASIL. Decreto n.° 19.890, de 18 de abril de 1931 – Exposição de motivos. Rio de Janeiro, 10 de abril de 1931. CD Rom: A matemática do Ginásio: livros didáticos e as reformas Campos e Capanema. São Paulo: GHEMAT, CD-ROM, 2004.

BRASIL. Decreto-Lei n.° 2.359 – de 3 de julho de 1940 – estende o prazo para o exame inicial dos livros didáticos. Rio de Janeiro.

BRASIL. Fundo Nacional de Desenvolvimento da Educação – Programa Nacional do Livro Didático para o Ensino Médio, 2006. Disponível em: http://www.fnde.gov.br.

BRASIL. Portaria Ministerial n.° 167 – disposições sobre a limitação e a distribuição do tempo dos trabalhos escolares no Ensino Secundário e dá outras providências. Diário Oficial da República Federativa do Brasil. Rio de Janeiro, 08 de março de 1943.

BRASIL. Portaria Ministerial n.° 177 – Programas de Matemática para os Cursos Clássico e Científico. Diário Oficial da República Federativa do Brasil. Rio de Janeiro, 18 de março de 1943.

BRASIL. Circular n.° 5, de 15 de junho de 1941 – Divisão do Ensino Secundário . Rio de Janeiro.

BRASIL. Portaria Ministerial n.° 253, de 24 de dezembro de 1940 – baixa instruções para funcionamento da Comissão Nacional do Livro Didático. Rio de Janeiro.

BRASIL. Portaria Ministerial n.° 501, de 19 de maio de 1952 – expede instruções relativas ao Ensino Secundário. Rio de Janeiro.

BRASIL. Portaria n.° 142, de 24 de abril de 1939 - Instruções do Departamento Nacional da Educação; relativas ao regime didático e escolar, dos estabelecimentos de Ensino Secundário e aos seus serviços de inspeção. Rio de Janeiro.

BRASIL. Portaria n.° 20, de 12 de janeiro de 1939 – Departamento Nacional de Educação. Rio de Janeiro.

CHARTIER, R. O mundo como representação. **Estudos Avançados**, São Paulo, v. 11, n. 5, p. 1991.

CHERVEL, A. História das disciplinas escolares: reflexões sobre um campo de pesquisa. **Teoria e Educação**, n. 2, Porto Alegre, 1990.

CHOPPIN, A. Pasado y presente de los manuals escolares. *In:* CHOPPIN, A. **La Cultura Escolar de Europa**: tendências históricas emergentes. Madrid: Biblioteca Nueva, 2000. p. 107-141.

CUNHA, H. L. **Pontos de Álgebra Complementar** – teoria das equações. Rio de Janeiro: Tipografia Alba, de Moreira, Cardoso & Freitas, 1939.

DASSIE, B. A. **A Matemática do Curso Secundário na reforma Gustavo Capanema**. 2001. Dissertação (Mestrado em Educação Matemática) – Pontifícia Universidade Católica do Rio de Janeiro, Rio de Janeiro, 2001.

FARIA FILHO, L. M. (org.). **Pesquisa em História da Educação; perspectivas de análise; objetos e fontes.** Belo Horizonte: HG, 1999.

FREIRE, R. A. S.; BARRETO, M. M. **Apontamentos de Geometria Analítica**. Rio de Janeiro, 1940.

GARNICA, A. V. M.; SOUZA, L. A. **Elementos de História da Educação Matemática.** São Paulo: Cultura Acadêmica, 2012.

GEERTZ, C. **A Interpretação das culturas**. Rio de Janeiro: Editora Guanabara, 1989, p. 7-41.

HORTA, J. S. B. **O hino, o sermão e a ordem do dia**: a educação no Brasil (1930-1945). Rio de Janeiro: UFRJ, 1994.

IGLIORI, S. B. C.; VALENTE, W. R. **Educação Matemática Pesquisa**. São Paulo: PUC-SP, Educ, 2000.

JORNAL FOLHA DA MANHÃ. **Ministro da Educação fala à imprensa sobre a nova orientação do Ensino Secundário**. São Paulo: 9 de abril de 1942.

LATOUR, B. **Ciência em Ação**. São Paulo: Unesp, 2000.

LISTA DE DISSERTAÇÕES E TESES EM EDUCAÇÃO MATEMÁTICA PRODUZIDAS NO BRASIL. (1971-1998). Campinas: Zetetiké – Cempem-FE- Unicamp.

MARCÍLIO, M. L. **História da Escola em São Paulo e no Brasil**. São Paulo: Imprensa Oficial do Estado de São Paulo, 2005.

NETO, S. P.; ROSAMILHA, N.; DIG Z. C. **O Livro na Educação**. Rio de Janeiro: Primor/MEC, 1974. p. 70-84.

NETTO, F. A. L. **Exercícios de Vetores**. São Paulo: Editora Clássico-Científica, 1942.

OTONE E SILVA, M. C. **A Matemática do Curso Complementar da Reforma Francisco Campos**. 2006. Dissertação (Mestrado em Educação Matemática) – Pontifícia Universidade Católica de São Paulo, São Paulo, 2006.

PEIXOTO, R. **Elementos de Cálculo Vetorial**. 3. ed. Rio de Janeiro: Editora Minerva, 1943.

PEIXOTO, R. **Elementos de Geometria Analítica** – Geometria de três dimensões, segunda parte. Rio de Janeiro: Orçar Mano & Cia, 1938.

PEIXOTO, R. **Elementos de Geometria Analítica**. Rio de Janeiro: Orçar Mano & Cia, 1938.

PEIXOTO, R. **Problemas de Geometria Analítica, segunda parte,** Geometria de três dimensões. Rio de Janeiro: Editora Minerva, 1942.

PIRES, I. M. P. **Livros didáticos e a Matemática no Ginásio**: um estudo da vulgata para a reforma Francisco Campos. 2004. Dissertação (Mestrado em Educação Matemática) – Pontifícia Universidade Católica de São Paulo, São Paulo, 2004.

RELAÇÕES DE TESES E DISSERTAÇÕES DE MESTRADO E DOUTORADO EM EDUCAÇÃO MATEMÁTICA PRODUZIDAS NO BRASIL. **(1998-2001)**. Campinas: Zetetiké, Cempem-Unicamp v. 9, n. 15/16, 2001.

RESNIK, M. **Curso de Trigonometria**. São Paulo: Livraria Acadêmica, 1936.

RIBEIRO, D. F. C. **Dos Cursos Complementares aos Cursos Clássico e Científico**: a mudança na organização dos ensinos de Matemática. 2006. Dissertação (Mestrado em Educação Matemática) – Pontifícia Universidade Católica de São Paulo, São Paulo, 2006.

ROCHA, J. L. **A Matemática do curso secundário na reforma Francisco Campos**. 2001. Dissertação (Mestrado em Educação Matemática) – Pontifícia Universidade Católica do Rio de Janeiro, Rio de Janeiro, 2001.

ROMANELLI, O. O. **História da Educação no Brasil (1930-1973)**. 29. ed. Petrópolis, RJ: Editora Vozes, 2005.

ROXO, E.; PEIXOTO, R.; CUNHA, H.; NETTO, D. **Matemática 2º Ciclo. 2ª Série**. 2. ed. Rio de Janeiro: Livraria Francisco Alves, 1944.

ROXO, E.; PEIXOTO, R.; CUNHA, H.; NETTO, D. **Matemática 2º Ciclo. 3ª Série**. Rio de Janeiro: Livraria Francisco Alves, 1944.

ROXO, E.; PEIXOTO, R.; CUNHA, H.; NETTO, D. **Matemática 2º Ciclo. 1ª Série**. 2. ed. Rio de Janeiro: Livraria Francisco Alves, 1945.

SANGIORGI, O. SEMINÁRIO NACIONAL DE EDUCAÇÃO MATEMÁTICA, Rio de Janeiro, 1979. **Anais** [...]. Rio de Janeiro, 1979.

SERRÃO, A. N. **Lições de Álgebra Elementar**. Rio de Janeiro: J. R. de Oliveira & C., 1938.

SERRÃO, A. N. **Lições de Análise Algébrica**. Porto Alegre: Livraria do Globo, 1940.

SERRÃO, A. N. **Lições de Trigonometria Retilínea e de Cálculo Vetorial**. Rio de Janeiro: Edições Boffoni, 1942.

SHWARTZMAN, S.; BOMENY, H. M. B.; COSTA, V. M. R. **Tempos de Capanema.** São Paulo: Editora Paz e Terra S/A, 2000.

SONNINO, S. **Elementos de Geometria Analítica.** São Paulo: Editora Clássico-Científica, 1944.

SOUZA, J. C. M. **Geometria Analítica** – I parte. Rio de Janeiro: Livraria Francisco Alves, 1938.

SOUZA, J. C. M. **Geometria Analítica** – II parte. Rio de Janeiro: Livraria Francisco Alves, 1940.

TAVARES, J. C. **A Congregação do Colégio Pedro II e os debates sobre o ensino de Matemática**. 2002. Dissertação (Mestrado em Educação Matemática) – Pontifícia Universidade Católica de São Paulo, São Paulo, 2002.

VALENTE, W. R. **A Matemática do Ginásio**: livros didáticos e as reformas Campos e Capanema. São Paulo: GHEMAT, CD-ROM, 2004.

VALENTE, W. R. **História da Educação Matemática no Brasil, 1920-1960**. Projeto de pesquisa. São Paulo: PUC/Fapesp, 2001.

VALENTE, W. R. **O nascimento da Matemática no Ginásio**. São Paulo: Annablume, 2004.

VALENTE, W. R. **Uma História da Matemática Escolar no Brasil (1730- 1930)**. São Paulo: Annablume, 1999.

VIEIRA, F. de A. **Lei Orgânica do Ensino Secundário e Legislação Complementar**. Departamento de Imprensa Nacional. 1953.

WAYNE, C. B. *et al.* **A Arte da Pesquisa**. São Paulo: Martins Fontes, 2000.

WERNECK, A. P. T. **Euclides Roxo e a Reforma Francisco Campos**: a gênese do primeiro programa de ensino de Matemática Brasileiro. 2003. Dissertação (Mestrado em Educação Matemática) – Pontifícia Universidade Católica de São Paulo, São Paulo, 2003.